石油技术文章实用写作方法与技巧

刘 冰 著

石油工业出版社

内 容 提 要

本书主要针对年轻技术人员在写作中易出现的错误和常遇到的问题，通过站在读者的角度，换位思考的方式，在写作实践中探索总结出比较具体的表达方法与技巧，并以常见文章基本格式模版的方式将其格式化或半格式化应用，便于初学者应用于掌握，是一套实用性很强的写作方法。通过这套方法，可有效解决初学者在写作中常遇到的困难与问题，快速提升写作水平。

本书适合石油勘探及其他各行业开发类技术人员、科研人员、管理人员，以及高等学校师生参考。

图书在版编目（CIP）数据

石油技术文章实用写作方法与技巧 / 刘冰著 . —北京：石油工业出版社，2021.9

ISBN 978-7-5183-4752-0

Ⅰ . ① 石… Ⅱ . ① 刘… Ⅲ . ① 石油工业 – 科学技术 – 论文 – 写作 Ⅳ . ① TE

中国版本图书馆 CIP 数据核字（2021）第 148171 号

出版发行：石油工业出版社
　　　　　（北京安定门外安华里 2 区 1 号　　100011）
　　　　　网　址：www.petropub.com
　　　　　编辑部：（010）64523537　　图书营销中心：（010）64523633
经　　销：全国新华书店
印　　刷：北京中石油彩色印刷有限责任公司

2021 年 9 月第 1 版　　2021 年 9 月第 1 次印刷
880×1230 毫米　开本：1/32　印张：4.25
字数：70 千字

定价：68.00 元
（如出现印装质量问题，我社图书营销中心负责调换）

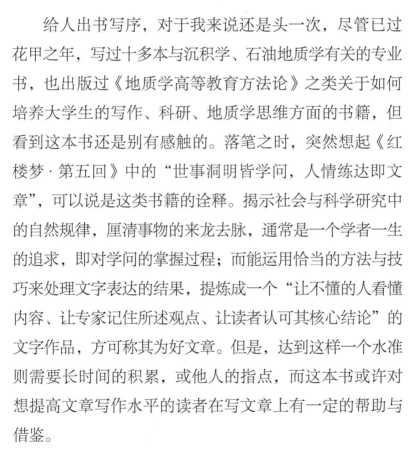

序

　　给人出书写序，对于我来说还是头一次，尽管已过花甲之年，写过十多本与沉积学、石油地质学有关的专业书，也出版过《地质学高等教育方法论》之类关于如何培养大学生的写作、科研、地质学思维方面的书籍，但看到这本书还是别有感触的。落笔之时，突然想起《红楼梦·第五回》中的"世事洞明皆学问，人情练达即文章"，可以说是这类书籍的诠释。揭示社会与科学研究中的自然规律，厘清事物的来龙去脉，通常是一个学者一生的追求，即对学问的掌握过程；而能运用恰当的方法与技巧来处理文字表达的结果，提炼成一个"让不懂的人看懂内容、让专家记住所述观点、让读者认可其核心结论"的文字作品，方可称其为好文章。但是，达到这样一个水准则需要长时间的积累，或他人的指点，而这本书或许对想提高文章写作水平的读者在写文章上有一定的帮助与借鉴。

　　众所周知，论文（文章）是科技人员表达学术思想与技术创新的重要媒介，需要作者具备应用各种科学的论证方法（如引论、实论、推论及反论等）来陈述其创新之处的能力，因文章的类型很多（综述型、首发型、实验型、方法型、以及描述型等），所以作者更需要学会针对性的写作方法与技巧，使文章更具可读性，从而提高论文的录用几率与引用率，达到事半功倍的效果。然而，一些技术人员受写作技巧困扰，常出现一些写作方面的问题。诸如有的文章只是资料的罗列，没有经过总结加工，也没有形成明确的观点与认识，不便于别人理解；有的文章即使有了观点与认识，却放在了段落的最后，由于前面的叙述过程太长，读者没有时间或耐心详细地读到最后的结论就放弃；有的文章内容过于琐碎冗长，面面俱到没有重点，也不易于阅读和交流等。本书的作者刘冰（我早年培养的大庆油田的一名博士，更是一位挚友），将自己在石油工业一线三十多年的科研积累与体会，采用逆向思维的方法，从读者角度出发、通过换位思考的方式，以石油技术为素材，总结了一套"实用写作方法与技巧"，有效地搭建起了文章与读者的沟通桥梁，视角独特，方法简练，易于掌握。如其中的"末级标题结论化""单屏媒体主题化"等方法，正是大多数人易忽略而又非常重要的写作与表达技巧。

此书确实是一套实用性和实战性很强的科技文章写作

技巧方面的专著，不仅可以作为一本石油科技论文写作指南，也适用于其他行业技术类文章的写作，很适合于各技术领域的人员阅读与借鉴，对理工科院校师生也有较高的参考价值。

我看过此书的初稿后，深感值得正式出版与推广，对快速提升年轻人的写作水平会大有帮助。

中国地质大学（北京）二级教授、博士生导师

2021年5月7日

前　言

　　写文章不是写记录，写记录需要达到"实、准、全"的标准，而写文章则需要对客观规律的揭示，即需要对纷繁复杂的客观事件进行归纳、分析、总结，提炼出有价值的认识，并有效地表达出来。但是现在有些年轻人写的文章，存在不容易读懂的现象，得需要逐字逐句地去读，再细心揣摩才能读懂文章的核心意思；有的文章则写成了一个过程记录，不仅平淡无味，可能甚至还会泄密；有的文章内容琐碎没有重点；还有的缺失重要的问题分析环节等等，这些都会导致文章或读不懂，或平淡乏味、思路不畅等。笔者记得有位领导曾这样说其手下人写的材料："……说好听的，你们写的材料数据很齐全，资料很丰富；说不好听的，就是一堆原始数据资料的罗列，一点儿也没有经过提炼和总结，这也叫做写材料？"

　　关键是出现了上述问题后，自己却没有意识到，还认为自己写得很全面，很清晰易懂，认为对方应该全部都能明白，但实际却不是这样。与自己的期望值相差甚远，这种现象就是心理学上的"知识的诅咒"（The Curse of Knowledge）现象，就是掌握某知识（信息）的人，无法理解没有掌握这一知识（信息）人对其理解的程度，且误以为对方也能达到自己的理解程度，在认知判断上出现了严重的偏差，导致双方互不理解。

要打破写作上的"知识的诅咒"，就要尽最大可能拓宽文章的信息输出渠道，让读者能接收到更多的信息，以达到信息同频共振，减小双方的认知偏差，提高沟通的成功率。即通过"把深涩嶙峋的思考粹炼得平易可感"，达到"把玄奥细微的感触释放给更大的人群"的目的。

要做到这点，一是要换位思考，站在读者的角度来审视自己的文章所输出的信息是否可以被接受。二是对于不易被接受的表达方式，要找到有效的方法。比如搭台阶法，借用对方已知的信息来沟通；又比如接地气法，把复杂问题简单化来沟通；还有做好预判法，通过认真评估，了解对方的认知与需求，做好对方需求的的判断，调整汇报的重点。利用这些方法来建立有效的信息输出渠道，提高文章的信息共享能力，最终达到展示和推销自己的目的。

目　录

第一章
写文章前必须要弄清楚的问题

第一节 论文及种类

1. 什么是论文

所谓论文就是讨论或研究某种问题的文章，及论述说理的文章。论文不仅是探讨问题进行学术研究的一种手段，也是描述学术研究成果进行学术交流的一种工具。

2. 论文的种类

论文大体分三大类：

（1）科研论文：包括对某个问题进行调查研究，写成的调查报告；对某种问题进行科学实验后，写成的实验报告；对某项经验进行总结，并上升到理论高度写成的经验报告。

（2）学术论文：它是对某个问题尚未进行实验或实践，但依赖与某种理论或查阅文献资料，在理论上进行构想、探索，提出策略性思考的论文；或对某一理论问题进行思辩性思考的论文。

（3）其他说理性文章：包括议论文、杂文、感想、认识、小品文等，凡是要论述一个道理的文章都属于论文范畴。

我们平时所说的技术论文指最小的论文单体，即对一个疑难问题进行分析、解决的文章。问题单一、目的明确、篇幅短小。其他研究报告、方案等是多个单体论文的集合体，其中阐述了多个相关联的技术观点，也就是我们平时说的，在大的科研报告中就其中某一个小问题就可以写出一篇论文来发表，所以写好单体论文是基础，也最常用。

3. 写论文的基本步骤

这里我所讲的论文格式是指单体小论文的格式。一般分三步：这三步的内容平时我们都听说过，但是横向之间的联系却不是很清楚（表1-1）。左侧的格式栏指出了文章每一步的任务，即每一步应当做什么；右侧内容栏给出了每一步具体的内容，即每一步具体怎么做。可以把它们横向关联一下：

（1）**"提出问题"**是论文开始第一步，在这一步的任务是要提出问题，但怎么提？怎么操作？在横向栏中给出回答。横向对应的"什么"中给出，提出问题的格式可为：目前 ×× 领域存在的问题是"什么"。

表 1-1　论文步骤与内容

1.论文的格式	2.论文的内容
一、提出问题 　　出现了什么问题（现象）？影响了什么？是否必须加以研究解决？	**一、什么** 存在的问题是什么？
二、分析问题 　　问题产生的原因（实质）是什么，怎样产生的？	**二、为什么** 为什么产生这些问题？
三、解决问题 　　针对上面问题产生原因是怎样解决的？是否有效？效果怎样？	**三、怎么** 怎样解决这些问题？效果如何？

　　（2）**"分析问题"** 是第二步，这部分也是重点部分，也是最吸引人的部分。这步的任务是把上面第一步中××问题产生的原因分析清楚，具体怎么写，再对应右侧"为什么"栏目中给出具体写法，应该写：为什么会出现××问题？即分析出现××问题的原因是什么？

　　（3）**"解决问题"** 是第三步，任务就是在这段中要把前面出现的问题解决掉。横向右侧内容栏目中对应的是"怎么"，即怎么去解决上面的问题？或用什么方法解决以上问题？解决后效果怎样？回答完即可。

　　用语言描述左侧就是："提出问题""分析问题""解决问题"，分别对应右侧"问题是什么""为什么会产生""怎么去解决"。

　　这就是论文基本格式和内容，逻辑比较连贯，内容比较紧凑，比较易于别人阅读。

在实际工作中接触的论文并不都是这样的步骤，在本书第四章第五节会详细讲解常见论文的几种具体格式与写法。

第二节　写文章的目的是什么

在写文章之前，我们先要明确一个问题，就是为什么要写文章？文章是干什么用的？先弄清楚这个问题，写起来才有方向，否则没有方向写出来的东西就没有目的性。

写文章的目的是向他人介绍或展示自己的成果或成绩，文章叙述的内容是给别人看（读）的，当然自己做秘密记录的除外。知道了这一点，就明确了写文章的方向。既然写文章是给别人看的，那就要站在对方的视角来审视文章，得想方设法写得让别人明白，要因繁就简，写得通俗易懂。如果你写出的东西让别人看不明白，那就不能达到你要有效表达的目的，那么你的写作就失去了意义，是失败的。

第三节　达到什么程度才能通俗易懂

1. 要达到像读小说一样不需要面授

很多人写的文章，里面的行话、黑话、简略话很多；有的不是完整的句子，只有主干词，别人读起来很费劲；

还有的句子表达的意思模棱两可，在别人阅读时得需要当面请教作者才能明白要表达的意思。这样的文章是没有写好的，是不合格的。

文章要写到像小说一样没有理解障碍，没发现哪个人在读小说的时候读不懂，还得需要当面请教作者才能明白具体的意思，就是因为小说写得比较通俗易懂。所以写文章就要写到像小说一样通俗易懂的程度，才能有效传达你的意思。当然技术文章永远写不到小说那样，只是一个比喻，但需要尽最大可能使句子的指代关系明确，逻辑关系清晰，别让读者去猜测。

2. 要达到大声朗读文章顺畅不蹩嘴

文章的文字写得怎样才算顺畅呢？怎么来判定和检验呢？又怎么去做呢？因为对自己写的文字太熟了，不易找到不顺畅的地方。要想找到不通畅的字句，检验的秘诀就是：写完文章后一定要**大声朗读至少一遍**（这是最低要求，最好能多朗读几遍）。在朗读中，凡是拗口的地方，可能是不通畅的、不合乎平时说话逻辑和习惯的地方，马上修改，直到大声朗读顺畅为止。此要点的关键是要"出声"朗读，决不能在心里"默念"。

如果有条件时，可以请其他同事帮忙读一下，给对材料文字越不熟悉的人阅读，越能检验出文章的流畅程度。

3. 要达到只看提纲就可知全文内容

写文章怎样才能写得通俗易懂、能快速表达核心意思呢？具体操作方法就是，文章写完后，把正文文字全部删掉，只留下各级标题，如果此时只看留下的各级标题就能基本掌握文章的核心内容和观点，就算是达到标准了；如果看完标题后，仍不清楚文章的核心内容，那就没达到标准。

第四节 什么样的文章才是好文章

1. 既要有真东西还要写得好

一篇好的论文、报告一是要有真东西，二是要写得好。如果一篇论文没有有价值的发现、创新、成果，即没有有用的东西，文笔再好写出的文章也不值钱，俗话说，巧妇难为无米之炊。当然有了真东西，文章想要写得好，必须要有一个好的表达方式，就是你写的东西，要让别人能读懂，要把成果完整有效地表达出来，这样才能易于传播和分享。如果表达不出来，阻碍了有效传播，就变成了茶壶里煮饺子—肚里有货倒不出来。所以有了有价值的内容，还要写得逻辑清晰、言简意赅、通俗易懂，才是一篇好文章，才能使文章成果分享面最大化，达到写作的最终目标。

2. 要有可推广的新技术或经验

在我们实际工作中只要多留心、多注意观察、多思考总结，或多或少还是能有新东西的。一项普通的工作，在完成过程中，想方设法提高效率和质量等的好方法、好经验，并且可以在今后同类工作中推广的，就是有价值的新东西，否则就是一项普通的工作。

比如某单位拉一车砖，要从院里搬到五楼，人手少，且施工急用。作为一项普通工作，就是积极动员人人参，大家齐心协力，一鼓作气，人拉肩扛，以确保按时完成运砖任务；如果你能针对人少、任务急等问题，制定了相应提高效率的措施办法，如：一是在院内采用小车运砖，增加效率，减少用人；二是楼梯上采用人不动用手传递方式，减少人体自重做工，保存体力；三是采用……方法，使运砖任务提前完成。这里面所采用的以前没用过的好办法就是"新东西"，它是可以在同类工作中推广应用的，这就不是一项普通的工作了。如果再发明一些专用工具等，那么就是一项有创新的工作。

比较一下两者之间有什么区别？后者有可以在同类工作中推广的提高工作效率的方法与经验，甚至还研制了新工具，所以后者可以写成题目为"高层建筑搬运砖石的方法"等的文章，可以成为一项成果；而前者则写不出来好的经验与方法，那么只能是一项平淡的普通工作。所以要想有新东西，还得多用心去发现、思考、总结。

第二章
文章写作、媒体制作及汇报的技巧

在写作方法与技巧方面，笔者总结了以下方法，**有的是论文中可用的，有的是技术报告中可用的，也有的是所有文章中都能用的。**

第一节　内容表述上要做到"十个化"

1. 提出问题现象化

在"分析总结性"论文中，提出问题需要现象化。是指在文章开始提出问题的时候，所提的问题一定是现象性的问题，即出现什么不正常、异常的现象，而绝不能把"本质的"东西，即把产生不正常现象的原因当作"问题"提出来（此处的"本质"问题，在别处也许是"现象"问题；同样，此处的"现象"在别的文章里就不一定是"现象"，也许是"本质"问题，二者的关系是相对而言的，不是绝对的）。

在"提出问题"这个环节上特别容易出现问题，很多初写者都在这里出现了问题，笔者平时评审论文时，发现初写者往往把"产生问题的原因"当作"问题"提了出来，导致文章最吸引人的第二部分，即"分析问题"部分没有东西可写而缺失，然后就直接写"解决问题"的办法。文章变成只有两部分内容了，即一部分是问题的提出，另一部分是解决问题的方法及效果。给人的感觉是一项工作汇报，是针对目前出现的问题而采取的一些办法，且见到了一定效果而已，给人的感觉是谁都可以去做的，没有技术含量，没有体现出技术人员"分析问题"的能力，平淡无味，不像论文。

打个比喻：有一天某个人突然肚子疼到医院就诊，"问题"是"突然肚子痛"，需要医生分析、诊断"问题（肚子痛）产生的原因"，然后再对症开药，经分析诊断肚子疼是因为前一天晚上患者在外面吃了不卫生食品而得了急性肠炎，医生根据诊断的病情原因开一些抗生素药就可以了。逻辑过程是：1.提出问题——突然肚子痛；2.分析问题——肚子痛的原因，确诊是急性肠炎；3.解决问题——针对急性肠炎这一疾病下处方治疗。4.效果——用×××抗生素后病人康复。这是一个完整的"提出问题、分析问题、解决问题"过程，逻辑关系顺畅，诊断病情科学，有吸引人的地方。如果患者直接对医生说："大夫，我昨晚吃坏肚子了"，直接把"肚子痛的原因"告诉了大夫，用不着医生去分析诊断肚子痛的原因了，把医生"分析、确诊病情"的过程给剥夺了，使医生在对这一问题的分析诊断方面没有事情可以做了，没有必要去医院找医生看病了。

问题出现在哪里了呢？问题就出现在提出问题时把"产生问题的原因——吃坏了肚子"当作"问题"提出来，导致"分析问题"因为没有东西可做了而缺失（表2-1）。

表2-1　论文提出问题关系表

步骤	第一种提法	第二种提法
提出问题：出现什么问题了？	吃坏肚子了	肚子痛
分析问题：什么原因导致的？	（无）	一是乱吃东西导致，二是夜里着凉了，三是阑尾炎等
解决问题：用什么办法解决？	开抗生素药物	开抗生素药物

如果非要把"吃坏肚子"当问题来提出，而且还要有"问题分析"的话，那么该论文将变成另外的内容了，其接下来"分析问题产生的原因"应该是"为什么吃能拉肚子呢"，原因一是食物变质坏了，二是食物被有毒物质污染了，三是患者肠道对此食品过敏等。再接下来"解决问题"步骤就不是治疗拉肚子问题了，而应是针对分析出的原因进行解决。如果是食物变质了，就应该将这批变质食品紧急处理掉，不应再继续食用；如果是食物被污染了，就要查污染的来源，堵塞污染渠道；如果

是肠道对此食品过敏，就应该先暂停食用此食品，再对肠道过敏病进行治疗。这样一来论文的内容就全变了，变成研究"这批食品为什么让人拉肚子"的论文了。

所以论文提出的问题一定是"现象"性的东西，即出现了什么样的异常、不正常现象，这样提出问题才能给"分析问题"留有内容来做，否则就会出现上面的"问题分析缺失"的情况。例如某技术人员写的论文：《×××区块开发效果的提高方法》（表2-2），原提纲提出的"问题"是"1. 水井排附近高含水井多；2. 单层突进严重，加剧了层间矛盾……"，这不是该区块存在的不正常现象，而是区块出现不正常现象（开发效果变差）的"原因"。这样提出问题后，等于直接把"区块变差的原因"告诉了人家，导致文章在"分析问题"部分没有东西可写了，只能接着就是解决问题的办法，最后是取得的效果。这篇文章的写法就是在开始就把"产生问题的原因"当作面临的"问题"直接告诉人家了，这样的结果就是既然都知道"原因"了也就不需要再去分析了，直接调整就好了。所以也就变成了很平淡的工作汇报了。

如果真的把文章提出的那4条当作"问题"的话，那下面的分析问题部分可就麻烦了，每一条问题都得分析出几条产生的原因来，再接着去一一解决，那就跑偏了，就不是本文的"初心"了。

表 2-2　修改前后提纲对比表

步骤	原论文提纲	改后论文提纲
提出问题	1. 水井排附近高含水井多	××区块开发效果变差，含水上升快、产量下降较大、地层压力变低，急需治理研究
	2. 单层突进严重，加剧了层间矛盾	
	3. 区块压力较低，单井产液能力低	
	4. 注采井距较远，差层难以动用	
分析问题	（缺失！）	1. 水井排附近高含水井多，导致含水上升产量下降
		2. 单层突进严重，层间矛盾加剧，使部分井含水突升产量突降
		3. 区块压力较低，单井产液能力低，产量也变低
		4. 注采井距较远，差油层难以得到较好动用
解决问题	1. 关停水井排×口含水超过96%的井	1. 关停水井排×口含水超过96%的井，使区块少产水2%
	2. 水井封堵了×口井，油井堵了y口井，油井压裂×口，油井下调参×口井，水井限制了×层位水量	2. 水井封堵高吸水层，油井堵掉高含水层，减少层间矛盾
		3. 压裂、酸化低吸水层井，加强注水量，增加地层能量
		4. A压裂低含水差油井，增加差层动用程度 B补充部分新井，缩小注采井距，减小差层启动压力
效果	通过上述方法：区块变好，含水下降了2个百分点，油量增加了5%，地层压力上升0.3MPa	通过上述方法：区块变好，油层动用程度提高6%，含水下降了2%，油量增加了5%，地层压力上升0.3MPa

　　笔者把这个提纲修改了一下，改后提出的"问题"就是目前区块出现"区块开发效果变差"（含水上升快、产量下降较大、地层压力变低）这一异常现象，急需研究治理。如果这样提出问题，大家就会急着等你下一步的分析，看看到底是什么原因引起的区块效果变差的（这一"异常现象"）。接下来对出现效果变差这一"异常现象"产生的原因进行分析，也就顺理成章了。大家就能跟着思路走了，也会感觉很有吸引力，结果是分析问题正确，处理的方法得当，效果显著，值得学习借鉴。

　　如果按照未修改前的写法去讲，先告诉人家原因了，那么人家就不着急听下文了，因为没有了悬念，就像相声中的"包袱"一样，抖得早了，露底了，大家就不笑了。记得有一段相声说：有一个人在炒红豆和黑豆，"哗啦、哗啦、哗啦……来回翻炒，最后炒完了往笸箩里一倒，红豆黑豆自然分开，请问这是怎么做到的？"说到这儿，听众一定会焦急地等待着答案，这就是吸引力。实际答案很简单，那个人只炒了两粒豆，一粒红豆一粒黑豆，只要不粘在一起，一倒到笸箩里肯定会自然分开的。可是如果在一开始就告诉那人只炒了两粒豆，一红一黑，炒好了往笸箩里一倒，红黑豆自然分开，听的人还会着急知道为什么会分开吗？这与上一篇论文的例子一样，先告诉人"产生问题的原因了"，下一步接着干就可以了，是正常工作，就没有什么吸引力了，这也就体现不出来解决问题的能力了。

　　怎样提出现象性的问题呢？ 最初笔者认为这不算什么问题，可是后来发现好多人都卡在这里了，他们把"问题产生的原因"硬认为是存在的问题，不会找真正的现象性问题。于是笔者开始思考采取什么办法，能使初学者比较易于找到现象性的问题呢？经过思考，笔者首先采用了**追溯源点法**来找现象性问题，首先要判断所提的问题是否属于现象性问题。方法是：如果分析总结性论文真的出现了多个问题，或者问题中已经带有原因的，那么一定是错误的，这些都不是现象性问题。那如何去找真正的现象性问题呢？这就是第二步溯源。你就沿着所提出的几个问题往上追溯，直到追溯到第一个汇聚点即源点，**一旦追到了第一个源点就不要继续追了**（再追下去还是一个源点，但是变得远一些了，不是多个问题最直接的源点了，即不是最直接的问题了，不便于下步分析了），这个源点的问题**就是"现象性问题"**，而前面那几个所谓的问题正是追溯到的"现象问题"所产生的原因，不用再另外去分析"原因"了，直接拿来用作问题分析标题就可以，很省劲，但需要简单整理一下，说法一定要**为找到的那个"现象性问题"服务**。因为初期的几个问题还没有具体的服务对象（现象性问题），所以在对象确定之后一定要调整一下说法，使前后说法一致，能更准确地为主题服务。

　　如果还是不会追溯，那就采用**"放任自流，引蛇出洞"**法来追溯，就是放任几个所谓的问题，任其发展，看看发展到最后会出现什么问题，即采用放任方式引诱"最后问题"的出现，这个最后被引诱出的问题就是"现象性问题"，也就是要追溯的第一个源点。

　　举个例子来追溯一下"现象性问题"，还是上面那个《×××区块开发效果的提高方法》例子，在最初提出了四个问题，"1.水井排附近高含水井多；2.单层突进严重，加剧了层间矛盾"，如果放任这几个问题发展，不去解决会怎样呢？那就会继续影响区块开发效果，导致区块开发效果变得更差，那么这个**区块效果变差**就是追溯到的**源点一问题**，到此为止，就不再往上追了，那么**区块效果变差**就**定为**文章的"现象性问题"，这样一来"现象性问题就找到了"，把它放在文章前面作为提出的"问题"就可以，而产生这一问题的原因正是下面的那几条，也就是原因分析。

　　再举一个区块分析实例《××区块二类油层开发效果分析》。这个例子不但要追溯"现象性问题"，追到问题后，还要根据问题的需求修改分析问题的提纲，使之扣题。

　　原文提出了三个所谓的问题：

　　（1）两驱干扰问题突出，治理难度大；

（2）发育连通差，低注低采井多；

（3）注采不完善，见效较差。

这三个问题任其发展，出现的问题就是会使区块效果变差，追溯到的现象性问题就是 ×× 区块聚合物驱效果差，接下来就是对这个问题的原因分析，实际原因就是上面那三个方面的问题，但需要微调，要为解释**效果差**问题服务，显然前面那三个不是直接解释效果差的，调整后如下：

（1）水聚接触带区域受到水驱干扰，降低了聚驱效果；

（2）东部区域油层发育差，聚合物驱油效果不好；

（3）缺井点的注采不完善井区，聚合物见效较差。

对比一下，调整后的比最初那三条更贴近解释**聚驱效果差**问题的原因分析了，逻辑上更加顺畅一些。

一篇论文应该**只有一个**现象性问题，多了就不是现象性问题。如果提出的多个问题不可再追溯了，或者追到的不是一个，而是多个源点，那就不是一篇文章的内容了，而是多篇文章的内容了，有几个源点就应该写几篇文章。比如一项科研项目，可以写好多论文，一个观点、一个认识、一个问题就可以写成一篇论文，可是有好多人把科研项目硬压缩成一篇论文，但各项内容数量一点没少，听起来很乱，内容也很分散。

另外，也可以采用**概括法**来找现象性问题。如果有两个以上的问题，就把它们概括总结成一条，并把它当作现象性问题就可以了。

笔者总结了一般论文问题的几个提法：

（1）一个区块、地区分析现象性问题大体是"××区块（地区）开发效果（开始）变差"，或者"区块（地区）出现含水上升（或产量下降、或压力下降……）问题（或异常现象）"；

（2）单井的问题可以是："××井（开始）出现含水上升（或产量下降、或压力下降……）问题（或异常现象）"；

（3）某汽车出现打不着火（或灯不亮、或丢防冻液、或车发抖……）问题；

（4）病人出现昏迷（或肚子疼、或头疼、或内出血……）现象；

（5）××脱水站出现含油偏高（或含水偏高、或油水不分离……）问题；

（6）××火箭出现了异常关闭（或线头松动、或火箭不分离……）问题。

总之，技术**论文**问题的提出可参照列举的几种模版的基本提法，具体论文替换上实际问题就可以，**这个现象性问题不只是文字描述，最好还要有数据说明。**

2.总结内容条理化

总结问题条理化是指写文章之前一定要先列提纲，目的是把要写的内容按要表达的观点与主张分条目列出，这样做一是迫使自己在脑中先构思整个过程，以免在写的时候才发现有很多东西没含在里面，再增加进来需要做很大的调整，比较费劲；二是分列出几条观点的提纲可以先有感悟，然后写起来比较省劲，方向感强；三是分条款写，条理清晰，别人读起来省劲，否则最后写出的东西就会变成资料的大杂烩，观点认识不清楚，容易变成流水账或资料库。说到这笔者想起来刚参加工作的时候，年底都要求每个人写一个总结，那时候大家写的总结都是应付差事，基本就是两大段，第一段是一年来在工作上的进展，第二段是在学习上的进展等等，也没有小标题，领导收上去简单搭一眼就放在那了，都没有细看，因为看不出什么东西来，原因是没有理清楚自己一年来具体干了哪些工作，有什么成绩与收获。笔者那一次在动手写之前先思考了一下，感觉到上班后接触到的与学校里学的区别很大，现场工作虽然机械、简单，但自己不会做，只会跟着学样子干，且不知道为什么要这么干。记得有一次上井，和师傅走在巡井的小路上，距离井口还有十几米远，老师傅就说："这口井声音好像不对劲，赶紧上报矿里来测试"。后来一测试发现是井堵了，笔者真是佩服极了。于是总结的时候，真心地列出以下三条感想：一是到现场感受到了书本上学的与实际还差很远，还需要通过实践来学习；二是感受到了现场师傅们听声音就知道井下油层吸水量的硬功夫，得虚心向师傅们学习；三是感受到了现场三老四严与团结有爱互融的大家庭，愿意投身其中为油田奉献青春。看到三条感想党办领导一下子眼睛都亮了，马上把笔者从井上叫到大队，问能不能去参加演讲比赛，笔者说可以试试，结果取得了全厂一等奖，领导非常高兴。实际上就是在写前梳理清楚了要写的内容，提纲清楚了，自己写的方向也清楚了，别人读起来也清楚了。再比如笔者有一次当职称评委，一个年轻人答辩，上来简单介绍完自己后就说："在这个岗位上三年来主要做了以下三件事：一是……"，笔者一听到这马上眼睛就亮了，特别聚精会神地听了这三件事，特别清晰，所以写文章前把内容提纲梳理清楚再去写很重要。

在写技术文章的时候特别要注意的是，有一种技术内容是一个整体的，不可分割，这种提纲比较难劈分，如果要列这种提纲，就要说一个方面按住另一个方面，也就是忽略另一方面，不要一起都写出来。比如笔者在第四章举的例子《×××地区井网重构技术》，实际讲述的是这个地区井网演化的全过程，在全过程中分别解决了一、二、三类油层的水驱、三次采油开发全部的井网问题，每个时期都有水驱、三采、后续水驱井网在工作。只要把井网全过程推演一遍就全都清楚了，可是在汇报时不能一股脑全部讲出来，如果全说出来会使听者抓不到重点，要分几条出来单讲，所以分出如下三条：

（1）井网利用与井网拆分结合，开发一类油层聚驱后储量；

（2）井网加密与井网拆分结合，分段全过程开发二类油层；

（3）加密调整与层段细分结合，缩小井段开发三类油层。

实际在实施（1）的过程中，（2）和（3）中的内容也在实施，三个题的内容可以同时进行，不是孤立的，但在汇报时就不能一起说了，以免乱套，只挑选和主题有关的说，与主题无关的即使图例上有也不要说，等到有关主题出现时再详细解释，这样才显得条理清晰。如果有的领导问到其他标题的工作内容是如何进行的，此时只能回答："是同时进行的，后面马上就详细回答这一问题。"回答这些就可以，决不能按他的思路展开，把涉及其他标题的内容也讲了出来，会冲淡当前的主题，打乱了思路及安排。一般领导听到这样的回答就不会再追问了，会等待着你后面回答的。

3. 末级标题结论化

写所有的文章都需要把末级标题结论化，这是本书的重点部分之一，也是大家容易忽视的一点，笔者调研了刊物上发表的多种专业的技术文章，如石油、医学、生物等多种专业，把末级标题结论化的文章不足 5%，绝大部分文章都没有结论化的标题，读起来比较费劲。

末级标题结论化就是指紧邻正文文字的标题一定要带有结论性，如果含有二级以上标题的，能把上一级标题带有结论更好，没有也可以，但要末级标题一定要带有结论。带有结论的标题一旦列出来，读者就能立刻明白汇报人要表达的核心内容，这会吸引他沿着标题的结论来继续看下面内容。如果是在汇报材料中，当读完结论性标题后，听者就会等汇报人继续讲支持结论的证据，看证据是否支撑标题的结论，因为他听懂了核心意思；如果不列结论性标题，听者就不知道核心内容，也就不着急听下文了，有时思想就会开小差了，等最后亮出观点时，他才知道汇报者要干什么，此时才想看汇报者的证据，可是已经来不及了，已经讲过去了，主听者可能会要求返回来重新讲，万一遇到性子急的领导甚至会打断你的汇报，直接就问几个他想知道的问题。如果出现了这种情况，那就说明本次汇报相当于失败了，没有抓住领导的心。

实际上在我们平时生活说话交流过程中，都是先亮出观点，然后再说原因的，可是一到了写东西的时候，就把顺序变了，变成先讲原因后说观点了，而且这样做的人还很多，写出的东西非常不合乎人的常规思维逻辑，真的令人很难快速读懂。

　　下面举一个小例子，大家体会一下：

　　假设某一天早上刚上班，领导领来一个新人，对大家说："各位早上好，今天给大家介绍一下×××同志，这个人一是业务能力强，曾连续5年获得公司业务十佳；他二是为人好，团结同事，乐于助人（听到这你心里会想：这与我有什么关系？不感冒！后面的话你可能就不注意听了）；三是此人健康活泼……"，等到最后领导介绍完后突然说："这是你们部门新来的主任，希望大家支持他的工作！"，当你心不在焉地听到"新主任"一词时会一惊（什么？当我们主任，他这么年轻，他会什么呀？能领导我们业务吗？刚才领导介绍他什么优点了？我怎没注意听啊？），其他人可能都与你一样没太注意听。这说明领导介绍人的方法有问题，不合乎常人思维的习惯，所以没有抓住办公室人员的心。如果领导介绍时先亮出"观点"效果就不一样了，如果他这么说："大家早上好，今天给大家介绍一下你们部门新来的主任×××同志（听到这你心里会想，呦！是新来的主任？怎么提前没听说啊？这人怎么样啊？有能力吗？能领导我们吗？……，可得好好听一听他到底怎样？带着这些疑问，你一定会聚精会神地往下听），这位同志一是业务能力强，曾连续5年获得公司业务十佳（听到这你心里会想，这人业务挺厉害，再看看其他方面怎样）；二是为人好，团结同事，乐于助人（这人不错，有亲和力，不死板……）；三是此人健康活泼……"。当领导介绍完后，你肯定会热烈鼓掌赞同（你也可能不赞同，但起码你没听糊涂）。大家体会一下，作为听者更愿意听哪种介绍方法呢？所以说先亮出结论观点非常重要。下面再举一个梁狄刚老先生讲的某研究生论文的例子（表2-3），梁老先生修改之前就是先不讲结论观点的，修改之后是先讲结论观点了，效果是截然不同的。前一种方法在你看完全篇文章之前是不知道具体结论的，得需要详细读全文后才能明白结论的，后一种就不同了，一目了然。如果领导听到前面的那种无结论性标题的汇报，估计又要打断并问几个问题，哪有油？哪有气？今后在哪找油？在哪找气？等。如果是修改后的那种汇报，领导肯定会耐心听完汇报。所以末级标题结论化非常重要。

表2-3　修改前后提纲对比表

《轮南奥陶系油气成藏地球化学》——某研究生论文答辩	
原提纲	修改后提纲
一、油气分布规律 二、原油成藏化学地球作用 　1.原油裂解作用 　2.生物降解作用 　3.原油混合作用 三、勘探方向	一、轮南奥陶系西部稠油东部气、中部混合气 二、轮南东、中、西部有三种不同的成藏化学地球作用 　1.东部确有原油裂解作用 　2.西部原油确有明显的生物降解作用 　3.中部原油确有多期、多源混合作用 三、东部找气、西部找稠油、中部找混合正常油气

下面再举一个笔者自己写的关于断层区打高效井的报告提纲（图2-1），大家只看提纲，就能知道笔者要

一、XXX油田地质基本概况

二、井震结合技术精确认识了断层剩余油

（一）井震构造研究更加清楚认识了萨中断层发育情况

　　1、复杂构造的接触关系描述更为准确
　　2、构造研究层次细化到158个沉积单元
　　3、新认识的断层比原来规模增大，数量增倍
　　4、井震结合技术描述断层精度提高到97.7%

（二）通过井震构造研究准确认识了断层区域潜力

　　1、主要潜力区上盘在上部油层、下盘在下部油层
　　2、识别了一些小的断块、地堑、地垒型剩余油
　　3、XXX油田可挖潜区域地质储量约为7000×10^4t

三、运用精细地质建模技术设计高效井轨迹

（一）依据剩余油类型，设计了12种高效井模型

（二）先期对98#—112#断层区域高效井挖潜效果良好

　　1、根据剩余油类型，分别设计与之相匹配的高效井27口
　　2、采用与油层平行的定角度射孔，最大限度发挥潜力
　　3、高效井整体开发效果好，初期平均单井日产油10t以上

四、XXX油田断层区布井潜力研究

（一）研究确定了断层可布井区域

　　1、断层区井网控制程度较高，大断层少，潜力分布零散
　　2、面积扩大区域油层发育差，增加潜力不显著

（二）制定了大斜度定向井设计标准

　　1、高效井有效厚度标准为20m
　　2、井距标准为本层位现有井网的井距

（三）各种高效井布井潜力约为63口

五、下步工作（或结论与认识）

图2-1　某汇报提纲

汇报的核心内容了。这个报告提纲分为三级，每一级提纲都带了结论，大家看起来不费劲，知道本次汇报要说什么，也知道什么结果。在听这个报告时，看完标题后就是核实下面给出的数据是否支撑文中观点就可以了，不用再费脑筋去琢磨里面的数据资料能得出什么观点和认识。这样汇报内容就会让听者更易理解，能听懂也就愿意继续听下去了，那么汇报的目的也就达到了。

由于该问题很重要，这里再例举一段文字，大家可以当作练习题来自己试试：这是某油田一篇论文中的一小段，介绍的是该油田几种岩心的润湿性对驱油效率的影响程度。原文的标题只是一个主题词，大家读一读感觉，然后再把标题改成"**水湿储层的驱油效率高于亲油储层**"感觉一下两者的差别。后者是否感觉更容易读懂？

（1）润湿性。

岩性相同、渗透率相近、润湿性差别明显的三块岩心水驱油实验揭示了岩石润湿性对水驱油效率的影响。在相同的 PN 数下，水湿性储层驱油效率最高，其次为中性润湿储层，亲油储层驱油效率较低（图 2-2 至图 2-4）。亲油性储层含水上升最快，但在中高含水期采收率仍有较大幅度提高；亲水性储层含水上升最慢。

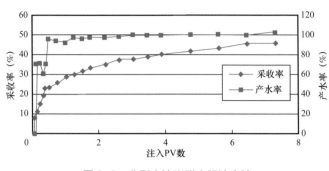

图 2-2　典型亲油岩样水驱油实验

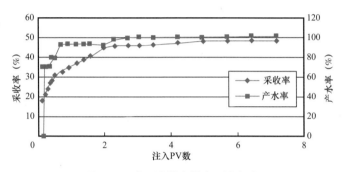

图 2-3　典型中性岩样水驱油实验

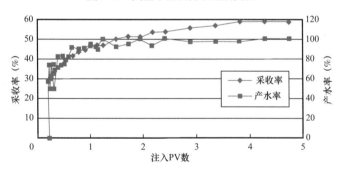

图 2-4　典型弱亲水岩样水驱油实验

怎么样把标题结论化呢？很简单，第一种就是把文章按初步提纲写完，每一段有了准确结论后，再把这个结论拿到文字前面，替换成标题就可以。

笔者发现很多人写的文章没有结论性标题，墨迹还停留在工作开始之前，处在对工作结果还没形成结论性认识的状态，只是列出了主要的工作内容和步骤等，后来没有更新标题。这种文章是领着读者一起走进文章涉及工作内容里的写法，带领读者一起从前到后游历一遍，一步一步深入，全面了解研究的过程，把研究工作的详细方案、步骤、技术参数、工作条件、环境等都写了进去。工作过程的确是这个程序，但写文章这个程序是不可以的，一是没有总结标题不便于别人理解内容，如果要深入了解就得要详细地去阅读，时间花费太长；二是过程、资料太详细，会严重泄露技术秘密。在技术方案、报告等里面有细节及关键参数，是因为施工人员要依据详细数据去执行的，这些数据材料属于保密的。

在论文里只有经过高度总结，去掉细节和关键参数后才能保密，实际上论文发表的只是一些思路、大致方法和主要结论，广告效应比较大，别人要想详细了解相关的技术参数等，就得找你具体谈技术的商业问题，决不能无私地把技术白白送给人家。

第二种是说明性的标题，多为设计类的做法和对过程中做法的总括，就是给下面要说的东西一个概括性的名字，比如在论文里分析完问题之后，在写做法和对策时，写"采取×××做法解决×××问题"等，有了标题大家一看就明了，就看这个做法是否合适、是否有效等。

第三种就是作者在写文章的时候，一开始没什么目的性，只是介绍一下性能、参数等，导致写出来后一直没有观点，不知道所写的内容有什么作用，为什么样的标题观点服务，不会从所写内容里总结出自己需要的观点与结论，这也导致了文章没有结论性标题。关于如何具体概括总结这类标题，请参考第三章的内容。

4. 要点概述背诵化

有些研究由于工作量大，过程经历很复杂，在写成文章的时候，就需要进行高度地精炼总结，要挑选主要的成果与认识来写，即核心成果部分，非核心的内容在文章中尽量少写，内容不宜太多，篇幅不宜太长。一是因为不是研讨会，没有足够的时间对你的文章那么多的内容进行详细研讨；二是如果写多了，就会使文章臃肿、繁琐、无重点，从而淹没了文章的核心成果内容，这样的文章会让别人读后不易抓住核心思想，不易于交流。

有一次听取一个套损方面的项目汇报，给的汇报时间是 15 分钟，笔者事先看了一下汇报的 PPT，有 180 多屏，笔者说 15 分钟不超过 50 屏就够了，回去删减一下，挑重点说。结果第二天汇报时的确不到 50 屏，数量是合格了，但基本是把那 180 屏的内容全都压缩到了 48 屏上，这个博士背对着我们足足读了 50 多分钟，中间评委们一再提示他要讲主要的，过程不需要讲。由于他念的内容信息量很大、很散，在场评委没有一个能全部消化理解的，这样的汇报会有好效果吗？

出现文章过长，内容过杂的现象，最主要的是由于工作都是作者亲自干的，对工作的每个细节都非常熟悉，在写的时候，又不会抓大放小，不会挑主要矛盾，面对着自己辛苦干出的成果，哪一点都觉得很重要，不舍得丢弃，最后导致文章内容过多、过杂，没有主次，从而影响读者的理解程度。

当遇到这种情况以及不会列结论式提纲的时候，笔者就采用"要点概述背诵法"，既可以引导作者去抓文章的主要矛盾，提取所要表达的核心内容，从而精简文章，同时又可以列出所需求的结论式提纲。

所谓要点概述背诵法就是凭记忆回顾一下文章所要表达的主要内容，即在不看文章的情况下，让作者简略说一说文章里都写了哪些主要东西？最想告诉别人的是哪几点？每当他们说出几条之后笔者就说："你就把刚才所说的这几条当作核心内容就可以了，而且结论式提纲也有了，还不用再刻意去另外想提纲了，再按照这个提纲去重新组织文章的结构，从原文章里摘出可证明观点的证据（论述提纲内容的论据）填写上就可以了。"因为这样在不看文章的情况下能记住的内容，就是在心里印象最深的、最重要的内容，那些记不住的内容就是不太重要的，可以去掉的。这样的方式会帮助他们有效地去掉枝节，提炼出核心部分内容，会让他们不自觉地删掉文章中不重要的内容，精简了文章。

这种快速简洁的文章瘦身法是非常有效的，既精简了文章的内容，又有了结论性提纲，一举两得，效果很好。例如，在 2020 年，有一次遇到一个关于地震方面的课题汇报材料，有 190 多屏，但时间只给 20 分钟，需要删减到 50 屏以内，但汇报者总是觉得哪个内容都很重要，不舍得删掉，费了好大劲才删掉了 20 多屏，怎么也减不到 50 屏以内，最后笔者就采用这个方法，让他闭上眼睛想一下，在这篇文章里最想说的，必须要说的是哪几点？他闭上眼睛思考了一会说："我最想说的有 4 点 7 条……"。笔者说："就讲这些就够用了，赶紧把它写下来！"。于是他就把这 4 点 7 条写了出来，并作为提纲来重新组织汇报材料，一气呵成，思路连贯、逻辑清晰、内容简洁、重点突出，第二天汇报的效果非常好。

5. 专业问题科普化

专业问题科普化就是指在写技术文章的时候，要将专业问题描述得通俗易懂。一是不要用太专业的词汇，尽量要让相关专业的人士能够读懂，切不要只考虑本专业人士；二是在文章里要避免出现工作中使用的行话、黑话，这些行话、黑话除了你的小圈子里的人能懂，大范围的人都不太懂，这些都不是科普化的语言，会阻碍文章的共享与交流，从而失去了写文章目的。笔者在修改别人文章的时候，还发现一种就是有些人为了使文章显得深奥，故意用一些不太易懂的字词来写，他们说是这样写的文章显得高深，如果用白话写就显不出有水平了。笔者说你们这样写的东西，会影响文章信息的共享与传播的，你们写的目的究竟是让人懂还是不让人懂呢？如果是发布论文，这会让评委们听不懂文章的核心内容，评委们都听不太懂了，还会给你高分吗？如果是汇报，领导都听不懂你汇报的内容了，你的汇报还有意义吗？所以科普化一些是为了让更多的人群能读懂。正如余秋雨先生说的"……把玄奥细微的感触释放给更大的人群……"，让更多的人能读懂就是写文章的最终目的。笔者觉得军事节目主持人张召忠教授讲的军事节目就能深入浅出，非常容易懂，我们家人很愿意收看他的军事节目，因为能听懂。

写文章、上台汇报也是这样，只有让大家懂了，大家才愿意读（听），否则弄得大家一头雾水，谁还愿意读（听）呢？下面举一个笔者改的一个关于井震结合建模方面的实例，原提纲其中一条是这样写的：

（1）建立了主流软件相结合的基础技术框架。

对于这个标题，看完后很难搞清究竟在说什么？笔者在询问了作者后才明白是什么意思，于是修改以后成为以下这样：

（1）联合多个主流软件优势模块，避免单一软件部分模块弱的缺陷。

在还没有看到下面的内容时，这两个标题你看哪个更能让人明白作者要表达的核心内容呢？

实际要表达的内容很简单，就是在储层建模工作中，目前所能应用的各种软件都有自己的优势模块，同时也有弱势模块，如果一项建模工作从头至尾各环节都用一个软件做下去，由于其中某一个弱势功能模块的影响，最终会影响模型的质量和预测分析的结果，于是他们想要发挥各软件长处，避开各软件的短处，把目前常用的几个建模软件中最优势模块选出来，分别去完成相应工作部分，使建模工作各部分都得到最佳效果，从而保证建模工作整体质量达到最佳。

当看完内容描述后，上面标题中哪个更显得通俗易懂而且贴切呢？并且写得似懂非懂的那个真的就显得高大尚了吗？我看未必。

关于行话、黑话，以及只在他们工作的小圈子里用的词语，只有他们懂，别人很难懂，可是在写文章时有的人也把这些话写了进去，其他人怎么能明白呢？笔在评审论文的时候，有些基层来的论文里面就有一些词语连我都不懂了，在请教作者之后才知道真正意思，原来是他们基层对一些工作的简称，所以我们不是他们圈里的人，就不太懂了。我们也经常犯这种毛病，一些在我们油田用的词语，到外油田就不一定懂了。特别是年轻人一开始参加工作就跟老师傅们学徒，对于一些专业术语的叫法也跟随老师傅学，大家也都这么说，其实在这个工作圈子里很正常，没什么不妥的，可是老师傅知道这种行话或黑话的实际意义，而年轻人却不懂，一旦到了别的地域或到国际层面，他们就听不懂了，你还不知道实际意思，这就影响交流了。比如说大庆油田的"表外储层"一词，其他油田的人就可能不懂。这个词在我们大庆油田都这么说，可是问一下具体是什么意思，在笔者这个年龄以下的人没有几个懂的，笔者也是在一次发表 SPE 论文时翻译到这个词，不知道具体含义，没法把字面意思与实际意思关联起来，所以就无法翻译这个词，于是查了一下《大庆石油地质与开发》刊物文章的英语摘要部分，所找的"表外储层"一词，都翻译成"untabulated"，就是"未制成表的"意思。其他油田的朋友们，你们能懂得"表格之外的储层"是什么样的储层吗？外国人懂吗？肯定是不懂啊。后来笔者找老师傅、老专家们请教，终于弄明白了这个词的含义，原来是指大庆油田在 1985 年上交国家储委的石油储量报表之外的那部分储层，在上报储量报表之后，由于测井解释技术的提高，又解释出了一些较差的储层，也叫做"未划砂岩厚度"，这部分后认识的储层由于不在那张储量表之内，所以就叫做"表外储层"了。明白了意思之后，笔者按储层物性给了一个翻译，论文便被接收了。再例如，油田开发上常说的"采收率"和"采出程度"这两个词，"采出程度"是指目前采出地质储量的百分比，是"目前采出程度"的简化词，"采收率"是指油田最终采出程度（目前技术条件下，达到含水 98% 的地质储量采出百分比），是"最终采收率"的简称。在现代汉语里，简称"采出程度"和"采收率"都是"采出量的百分比"的意思，非专业人员是弄不懂其真正含义的。

类似问题笔者还遇到过一些，这里就不再讲了，总之就是写文章时尽量科普一些，词语标准一些，让能看明白的人更多一些。

6. 论文语言技术化

论文书写要技术化主要是针对涉及生产、管理方面的技术人员写的论文，由于他们同时从事着技术和管理工作，特别容易把技术论文、分析等文章等混入一些管理、生产上的内容。这些词语及方法都是从生产管理层面讲的，这些管理生产方面的内容出现后，就冲淡了技术味道，大大降低了论文的技术含量与档次。例如在我们油藏技术上，我们追求的是油层最大程度、高效率的动用，提高最终采收率，而不是追求产量最大化。即使最后以产量来衡量我们的工作，但作为技术也要从油层动用方面来反映，避免生产、管理方面词语的出现，地面工程就得讲站、库等设计方法、效率；采油工程就得讲机械能力、有效率，等等吧。如加强注水井测试频率、加强方案执行力度等管理上的术语不要出现，下面列举某新毕业实习生写的论文。文章的问题之一是：

一、投注初期注入水质差，体系黏度保留率低

对应的解决办法是：

一、强化注入质量管理，方案执行到位

这是管理问题，不是技术问题，是管理没到位造成的，即使要写也得变成技术问题来写，不能写成那样子。笔者把它改一下，变成有点技术味道的写法：

一、水中菌群含量高，降低了体系黏度保留率

办法是：

一、优选高效杀菌剂，有效降低聚合物溶液黏损

这样写就比前一种写法有了一些技术味道。实际水质差的因素很多，在这里影响聚合物溶液黏度的因素有两个：一是水的矿化度，二是水中的细菌。矿化度无法

改变，所以就只能加杀菌剂来减少水中细菌对聚合物的破坏。

在一些技术报告、工作汇报中可以出现这些管理上、生产上的词语及内容，因为这种报告是综合性的，全面性的，所以内容也是从技术到管理方面都有的，可以写，但一定记住它们不是一个层面和辈分的问题，容易出现内容交叉、混乱的情况。

另外，在论文中"××方案""××原则"等不要出现，如果执行的是"方案、原则"等就不是你的技术，一个方案、原则就够一篇文章论述的了，只写自己的想法、思考和方法就可以了。

7. 室内实验现场化

室内实验的数据大多是代表一些理论上的东西，距离现场上的大工程还是有一定距离的，所以如果是用来指导现场工程的，室内实验资料在写文章或者汇报时，就要多与现场实际结合，不要就室内数据讲数据，一定要把指导现场的做法写出来，笔者把它叫做"翻译成现场语言"，让生产现场的人能够直接应用你的结论。如果不这样做，现场的人员看不懂这些数据代表的意义，比如大家都去医院体检过，对于第一次或者乡下很少去过医院的亲属要家人陪同去体检，B超报告甲状腺结节、多发、最大 $1.2 \times 0.9cm$，且边缘不光滑……，对乡下人来说一般不会知道什么意思，因为这是检测数据，没有把他翻译成通俗易懂的语言，医生诊断就会翻译成普通语言了，告诉病人亲属：结节边缘不光滑有癌变的征兆，需要马上进一步检查……。这就是因为别人不懂实验数据代表的意义，要像医生一样把各种医疗仪器检测出的数据，解释成一般人都能够懂的语言，才能指导患者下一步如何做，这才有作用。再举一实际例子，如：某室内实验是对油田储层的一类空隙岩心、二类空隙岩心……做的驱替实验，在写报告时除了记录下真实情况外，还应当把岩心的不同空隙类型与现场应用的不同的油层类型对应上，可以这样说：根据岩心实验结果，在现场 ××× 油层属于一类孔隙结构，应该怎样做；YYY 类油层属于二类空隙结构，应该如何去做……；三类油层、高台子、杨大城子油层等属于三或四类等空隙结构，应该怎样开发等。要写出现场可以直接拿来用的数据、观点、建议等。

总之，就是一定要把室内实验数据变成能指导现场工作的认识与结论，便于现场人员应用。

8.问题解决对应化

这主要是指文章中在解决"产生问题的原因"的时候，一定要把"产生问题的原因"与解决办法对应起来，即有一个"产生问题的原因"就要有一个对应的解决方法（可以多个办法），最怕的是有"产生问题的原因"而没有对应的解决办法，或者解决办法对应不上所分析出的"产生问题的原因"。例如前面讲的某论文提纲分析出高含水产生原因有 4 个，解决方法与问题最好是一对一关系，也可以一对二或更多［一般不采用二（多）对一，即二（多）个问题对应一个解决办法］，例如第 4 个原因是"注采井距较远，差油层难以得到较好动用"（表 2-4），对应的方法就有两个，一个是压裂改造，另一个是缩小注采距离，这样对应起来就比较清晰，如果不一一对应起来就显得杂乱无章，没有技术含量。比如一个开发区块出现"含水升，产量降"的问题，没有分析原因，直接就上"封、堵、补、压……"措施，一顿组合拳打了出去，最后区块效果变好，这样的写法是不行的。文中所用的"措施"或"调整方法"是否都很得当？有没有过度的措施等？再比喻我们感冒发烧到小诊所去看病，结果开了退烧药、镇痛药、抗生素等一大堆药，回家吃了药，喝了一碗姜汤水，盖上被子出了一身汗，睡了一大觉，第二天感觉好了，结果药还剩下很多，你说这药是对症下的吗？有过度卖药的嫌疑否？是姜汤水起的作用还是药起的作用呢？如果是药，那么具体又是哪一种药起的作用呢？这都是一笔糊涂账，因为诊断不清，所以用药也一定没有针对性，所采取的策略是乱箭盲射，中了就算蒙上了，中不上再接着射，这种写法给人的感觉是在"撞大运"，东北话讲"蒙"的成分很大。这就导致文章里问题产生原因不清、思路不清、办法不清、预期效果不清，体现不出来技术的味道来，换句话说如果把文章写成这样子，那就不是一篇技术论文了。

表 2-4　某论文提纲

项目	×××论文提纲
提出问题	××区块开发水平变差，含水上升快、产量下降较大、地层压力变低，急需治理研究
分析问题	1. 水井排附近高含水井多，导致含水上升产量下降； 2. 单层突进严重，层间矛盾加剧，使部分井含水突升产量突降； 3. 区块压力较低，单井产液能力低产量也变低； 4. 注采井距较远，差油层难以得到较好动用
解决问题	1. 关停水井排 × 口含水超过 96% 的井，使区块少产水 2%； 2. 水井封堵高吸水层，油井堵掉高含水层，减少层间矛盾； 3. 压裂、酸化低吸水层井，加强注水量，增加地层能量； 4. A 压裂低含水差油井，增加差层动用程度 　B 补充部分新井，缩小注采井距，减小差层启动压力
效果	通过上述方法：区块变好，油层动用程度提高 6%，含水下降了 2%，油量增加了 5%，地层压力上升 0.3MPa

还有一种情况就是"产生问题的原因"清楚，办法也清晰，可是两者对应不上，即所用的办法不是解决上面"产生问题的原因"的，如某学员的《××区块综合调整效果分析》，问题有三个：

一、精细挖潜程度高，可措施井少

二、高含水井比例高，控水难度大

三、油水井关井数多，注采不完善

这三个问题对应了两个解决办法：

1. 精准注水井方案调整，优化注水结构

2. 精准采油井提控措施，优化产液结构

这两个解决办法与上面的三个问题表面上不对应，个数不对应，而且是反对应的，前面讲的一个问题可对多个方法，但多个方法不可以对一个问题。同时，提纲序号的辈分也不一致，标题与内容也不贴切，给人的感觉是所答非所问，两者说的完全不是一回事，而且标题与内容也不贴切。

所以文章分析出的问题与下一步采取的措施必须有对应关系，否则文章就会出现条理混乱现象，达不到文章的预期目的。

9. 写作方式证明化

写作方式证明化是指一个标题及下面的文字部分的整个书写过程和方法，要采用数学"证明题"的证实过程和方法来写，即有了结论性标题，然后再去列举证据来证明标题的观点是正确的，而不是先用材料去逐步分析，最后才得出结论的，出来标题后，下面的文字只需要回答"标题的观点正确吗？"就可以。在本节单独拿出来从书写方式角度重点讲一下。实际工作过程一定是**"分析推导"**的方式，就是开始工作时按照方案一步一步进行研究、分析、推导，最后得出结论，然而在工作完成后，写文章时特别是写汇报性材料时就不能这样写，如果这样写过程会太长，可能会让读者听着乏味，精神不集中；因此写的时候一定要采用"**举证证明**"的方式来写，即先亮出观点结论性的标题，然后再用证据证明结论观点是正确的。当说出观点时，读者就等待着后续证据，看能否证实此观点的正确性。这种方式能抓住人的思维，使读者（听者）精神不容易溜号。比如一个刑侦案件，发现某处有人被杀，刑警开始刑侦工作，可起名为"嫌疑人的确定"。然后按照侦查、分析、推理方式进行，从"零"开始，一步一步深入，由最初的几个嫌疑人逐渐开始，有的无杀人动机被排除，有的无作案时间被排除……，范围逐渐缩小，最后确定了一个嫌疑人是某某人。但在完成了对嫌疑人的确定全部工作之后，在写材料的时候就得倒过来写，先写有结论性的标题"犯罪嫌疑人为某某"，接下来是摆证据证实犯罪嫌疑人为某某是完全正确的，一是有目击证人，二是有作案动机，三是有作案时间，四是有作案工具等证据……这些可以证实犯罪嫌疑人为某某，这种写法会使读者（听者）的精神注意力非常集中，等待给出的证据判断标题的结论是否正确。再举一个专业技术例子，如：写一个关于井距选择的文字书写方式。

第一种"分析推导"写法如下：

标题：不同井距下油层控制程度

从下图上可以看出（图2-5），随着井距的加大，从125m增加到250m时，其油层控制程度由76.6%逐渐下降到62.2%。从125m到175m每增加25m井距，油层控制程度下降3%左右，但从175m到250m，油层控制程度就下降了8%，175m井距出现了拐点，从175m再继续加密，油层控制程度减少幅度加大，到250m时油层控制程度刚刚达到60%，油层控制程度差，不能很好地控制油层，加密提高采收率作用小。如果井距缩小，油层控制程度增加不大，井数翻倍，经济不划算，因此看选用175m井距比较合适。

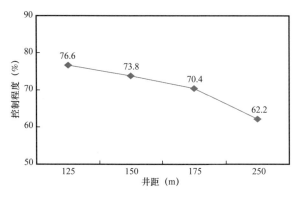

图2-5　井距与砂体控制程度关系曲线

从这段文字当中可以看出，"175m井距比较合适"这一结论是逐渐推导出来的，这种写法需要与作者一起去分析推导，了解结论比较慢，不容易抓住读者的心。

第二种"举证证明"式写法：

标题：新布井采用 175 米井距比较合适

从图 3-2 中看出随着井距的不断加大，井网对油层的控制程度逐渐降低，到 175m 井距时出现了拐点，由 3% 的降速加大到了 8% 左右，而且在 250m 井距时的油层控制程度已经只有 62.2% 了，很大一部分油层已经控制不住了；而 125m 到 150m 密度增加一倍，控制程度才降低 3% 左右，降幅不大，因此看选用 175m 井距井网比较合适，控制程度既能达到 75% 左右，井网密度又不是很大，经济和技术都处于最佳化情况。

第二种写法是"证明"的方式，就是用数据资料证明"175m 井距比较合适"这一观点是否正确，能证明正确就可以了。这种写法能抓住读者的心，当你提出"175m 井距比较合适"这一观点时，读者（听着）就会很有兴趣地等待着你的解释（证明），思想就不会溜号，比较吸引人，也易于明白。这种写法需要有结论化的标题，然后才可以这样写。

大家再比较一下，哪一种写法比较吸引读者的注意力？哪一种写法使人更易于明白？

10. 文字书写唯用化

在每一个小标题下的文字内容一定是为自己的主题

服务的，不为主题服务的文字不要写。主要注意以下几方面：

一是借用的图、表所带的文字部分。一般借用来图表所带的文字都是为原来的作者、原来的主题服务的，直接把图表连同文字全搬过来不一定合适你的标题观点，一般不要直接全部用，也不要在原文字上修改，要全部替换上自己的文字才能更好地为自己的标题服务，否则很生硬，甚至出现张冠李戴、前言不搭后语的现象。

二是文字主要是记录推理论述过程，不是简单地对图表进行描述。即使是自己做的图、表，其文字部分也不要只对图、表进行描述，而是写对图表揭示出的道理规律进行推理的过程，是你对标题的推理、证明、论述过程的文字记录。如果只是把图表翻译成文字，对主题一点意义都没有，文字就显得多余。

下面我举一个例子：我曾经改过的一个案例，是关于某个二类油层聚合驱现场试验选区报告，其中有一张试验区域油层发育状况表格，目的是想说明为什么要选择这个区域？这个区域适合开展试验否？具体如下：

原稿小标题是：试验区砂体发育情况

该试验区发育了 5 种微相砂体（表 2-5），其中河道砂的钻遇率 20.2%，砂岩厚度 7.7m，有效厚度 6.5m；非河道砂中，有效厚度大于等于 1.0m 的油层钻遇率 19.8%，砂岩厚度 2.8m，有效厚度 2.0m；有效厚度大于

1.0m，且小于等于0.5m的油层钻遇率19.5%，砂岩厚度3.5m，有效厚度2.1m；有效厚度小于0.5m的油层钻遇率20.4%，砂岩厚度2.7m，有效厚度1.1m；无有效厚度的薄层钻遇率20.1%，砂岩厚度5.2m。

表2-5　某试验区砂体遇钻率表

微相		砂体钻遇率	厚度（m）	
		（%）	砂岩	有效
河道砂		20.2	7.7	6.5
非河道砂	有效厚度 ≥ 1.0m	19.8	2.8	2
	1.0m＞有效厚度 ≥ 0.5m	19.5	3.5	2.1
	有效厚度＜0.5m	20.4	2.7	1.1
	无有效厚度	20.1	5.2	

当时笔者修改这个材料的时候就问写方案的人，你描述了这些，对该区域进行现场试验有何结论或意见？适合不适合？为什么不写出来呢？当时做方案人说，认为只要写清楚了该区域油层发育状况就可以了，专家、领导们一看就知道适合不适合了。笔者说连初步观点都没有，是让专家们现场讨论给你观点吗？不管这个观点对还是错，但必须得要有一个观点来供大家评判，如果没有观点，让大家怎么评判？评判什么呢？

这就是我们初写文章的人易出现的问题。就上面的那段文字来看，有以下几点不足：一是标题没有观点；二是内容里也没有观点；三是文字只是对表格的描述，做无用功。这让读者不知道作者的主张和意图。这段文字及表格应对该区域是否适合开展试验进行论述，适合开展试验就说适合的原因，不适合就说不适合的原因。因此笔者试着修改成如下两种观点的标题：

第一种是想说所选择的区域适合开展现场试验，选区正确。

标题：该区域内 5 种砂体都发育且分布面积均等，有普遍性，适合试验的后期推广

该试验区内 5 种沉积微相的砂体都发育，且井点钻遇率在 19.5%～20.4% 之间（见表 2-5），各类砂体分布面积均等，没有差别，这个区域砂体类型具有普遍性，可以代表常规地区的油层情况。在该区域进行二类油层聚合物驱现场试验的效果，可以代表普遍地质情况，在今后的推广过程中适应性较强，有利于规划预测，因此该区域可以作为二类油层聚合物驱现场试验区。

第二种是想说所选择的区域不适合开展现场试验，应另选区域。

标题：该区域内河道砂面积少，只有 20% 左右，保证不了好的试验效果，该区域不适合开展现场试验。

该区域内 5 种砂体都发育，各类砂体的钻遇率都在 20% 左右，说明各类砂体面积相当，河道砂体发育面积只有区域的 20%，比较小，如果在此区域进行二类油层聚合物驱试验，将有80%的井开采的不是二类油层（河道砂体），这会造成二类油层聚合物试验效果不显著，影响二类油层聚合物驱工业化进程，因此作为首个二类油层聚合驱试验，应该选择一个河道砂体发育面积比较大的区域来开展试验，以保证好的试验效果。

从以上例子看出，有结论性标题比较易于看懂作者的主张。一张表格本身是中性的，我分别让它支撑了相反的两个观点，就看你怎么说，想让它支撑什么观点，文字论述就得为哪个观点服务，所以一成不变的文字是不能搬来就用的，即使用一定要慎重处理，以免影响你论文的顺畅性和一致性。

第二节　表现程度上要做到"十个清楚"

上面谈了写文章的方法与技巧要做到"十个化"，在用这些方法时具体怎么操作、写到什么程度呢？这我又总结出了要达到"七个清楚"的要求，具体如下。

1. 提纲梳理要清楚

关于提纲的问题，在本章第二节"总结问题条理化"中也讲了一些，主要是从必要性上讲的，本节是从提纲之间关系的清晰方面来论述，是一个问题的两个方面。

写文章之前要先列提纲，就是把你要写的文章的大致内容，先在头脑中列出几条提纲，把大致想要表达的内容分条列出来，并把它写在纸上，只有把提纲梳理清楚，才有利于厘清下一步工作和收集资料的方向与重点。提纲可以是初步的描述或大致结论性的文字，不用太精确，等写完这段文字内容后再根据得出的结论详细推敲修改提纲。重点是提纲涉及的内容要梳理清楚，提纲之间的观点不能粘连，界限不清等，更不能出现交叉。在收集整理资料时统筹考虑，反复修改提纲，使每一条提纲都有足够的数据资料支持，这时候你再坐下来开始写文章，一气呵成一篇初步文章（先不用润色文字的表达），这样会使文章前后成为一体，逻辑关系比较流畅，不会有生硬的感觉，等文章写完后，再仔细修改，看看文字表达是否到位、是否准确、标题是否与文字贴切等。一定要忌讳找到一部分资料就急于写文字，这样会由于资料少的限制，使你的观点过于片面，等你收集足够资料再来接着写的时候，由于间隔时间较长，忘记了上一次的思路和部分内容，会使两次写的内容为一个标题服务的连续性差，或者导致两个标题之间分割不清晰的问题。还有的等收集完资料后，发现初期的认识片面或不正确，当初的认识变了，需要重新拟提纲，如果你在前期就已经写了不少文字，那就白写了，还得重新来写，如果接着用上次的文字去修改，就会很生硬，还很耗时。我写东西时也会出现这种情况，初期列好了 4 条提纲，后来变成了 3 条，有时又变成了 5 条，有时前期写的文字由于后来观点变了而废掉了。所以列完提纲后先不要急着写文章，边收集资料边修改提纲，但如果有新认识，以免忘记可以做一些简单的提示性标注，等待后期写作时一起考虑。

这里要注意的是提纲的角度问题，提纲的每一个小标题角度都要平行，不交叉，不包含，标题的观点内容之间界线一定要清晰，否则就会出现条理不清，互相粘连的情况。如：某区块效果变差，通过分析列出了几点原因（提纲），其中：1、单层突进严重导致含水升高，产量下降；2、长井段顶底压差大，底部水淹严重导致产量下降。这二个原因实际是粘连的，单层突进包含着由于压差导致底部油层水淹严重的结果，水淹严重就是油层吸水量高，注入水突进造成的。两者之间互有包含关系，因此写起来读起来都很不清晰。

总之，写文章之前一定要先列出初步提纲，把内容观点梳理清楚，在收集数据资料的过程中再逐步修改完善提纲，最后一气呵成，形成全文，这样可以使文章的前后思路一致、条理性清晰、逻辑性强、整体感强。

2. 背景铺垫要清楚

背景就是指文章内容的来历、原由、所处的阶段等资料性内容。一篇文章必须有一些背景素材，主要作用是帮助阅读者明白、了解文章所写的内容，否则会让读者感到突兀，不能很好地理解、明白你所写的内容。背景写好了读者就能了解文章的一大半，只需再详细看看你的主要观点和效果就可以了，所以背景在文章中是非常重要的，特别是在一些方案类文章中，背景交代更是重中之重，因为方案中会用一些成型的方法、技术、成果及理论，在用这些资料之前都要有个介绍和交代，读者才能更好地明白文章所写的内容。在论文中主要是指"文献综述"部分，就是交代你选题的来源、出处、目前该领域的水平或所处位置等，这既是背景的交代，也是对他人成果的尊重，同时避免重复研究。

　　背景写到什么程度，要根据你面对的读者类型来决定，也不能千篇一律，一成不变，一般是遵循"**远详近略**"的原则。你面对的读者人群距离你时间、空间越远，行业跨度越大，文章中背景的交代就要越详细，涉及面要越大；否则就少一些、粗略一些。如果你的文章是给身边的人看或给你顶头上司看的，背景交代就要简略一些，因为你们都处在同一个环境、背景下，几乎不需要背景交代，他们就能看懂一些东西的来龙去脉。反过来，如果是给隔级较远的、外油田的、以及外专业的领导专家人员，甚至外国专家等人阅读的材料，或者留作历史资料用的资料，那么背景就需要交代得详细一些了。例如我写的一篇论文摘要中的背景交代：

《××区块 PI 组聚驱后储量再开发现场试验》

摘要：2015 年在××区块开展了 PI 组聚驱后再开发现场试验，试验区面积 8.9km²，PI 组油层地质储量 $2300 \times 10^4 t$，于 2007 年聚驱结束，井网被二类油层利用，PI 组储量闲置。试验利用井网互换方式进一步开发 PI 组储量，利用分流线上其他层系井网开采葡一组，原 PI 组井网开采其他层系（二类油层），由于分流线井网改变了原井网的流线方向，进一步扩大了波及体积，区块 36 口开采井单井射开砂岩厚度 19m，有效厚度 13.9m，单井日产油 3.8t，含水 95.6%，预计采收率可以提高 4.5%，达到 55% 左右，可采储量为 $600 \times 10^4 t$ 以上，成功地开发了 PI 组聚合物驱后废弃油藏。

以上文章摘要的背景对我们自己厂来说就足够了，如果给外部人看，或者是给后人看，就不够了，起码要告诉××区块是哪的区块？主力油层是什么样的？目前该油层处于什么开发阶段？国际上类似油田的聚驱技术现状等问题，那就要加大背景铺垫力度，让不了解大庆油田现状的人先了解现状之后，再了解技术内容，于是在摘要前面再加上一些关于××地区 PI 组油层的内容介绍：

PI 组油层是××油田物性最好的主力油层。SZ 地区 PI 组油层储量达到 $2.7 \times 10^8 t$，占总储量的 20% 以上，到 2010 年 PI 组聚驱已经全部结束，采出程度 50% 左右，含水 98%。开采 PI 组的井网被二类油层井利用，使 PI 组油层在结束聚驱后处于无井网开发的闲置状态，这部分储量比较大，应当进一步开发利用。

2015 年在 ×× 区块开展了 PI 组聚驱后再开发的现场试验，试验区面积 8.9km²，PI 组油层地质储量 2300×10⁴t。试验利用井网互换方式进一步开发这部分废弃储量，利用分流线上其他层系井网开采葡一组，原 PI 组井网开采其他层系（二类油层），由于分流线井网改变了原井网的流线方向，进一步扩大了波及体积，区块 36 口开采井单井射开砂岩厚度 19m，有效厚度 13.9m，单井日产油 3.8t，含水 95.6%，预计采收率可以提高 4.5%，达到 55% 左右，可采储量为 600×10⁴t 以上，成功地开发了 PI 组聚合物驱后废弃油藏。

下面再举一个解释原因背景的例子，有一天笔者见到了某厂同行，他们在油田边部区块布了九点法加密井，我问他怎么没布五点法井网呢？他回答："评不过去，以后再转吧"。回答很简略，我相信很多人不懂他所表达的意思，因为我们是干同一种工作，工作的每一个细节都了解，不用细说就能明白，可是行业相隔较远的人（不熟悉该工作的人）就得需要详细的解释才能明白，否则很难明白其含义。这句话的含义是这样的，我问的意思是：这一地区油层比较差，原油黏度高，布五点法面积井网比较适合，你怎么布反九点法面积井网呢？他回答的意思是：因为五点法井网油水井之比是 1：1，所布的井中油井数量少，初期产能低，经济评价不达标，方案通不过；而反九点法井网油水井比是 3：1，所布的井中油井数量多，初期产能高，经济评价效果好，能够达标，方案可以通过，所以先布反九点法井网，等打完井生产一段时间后，再根据需求进行注采系统调整，把反九点井网转成五点法面积井网。

在文章中一些技术历史、经历、成果等的应用上，也需要必要的背景交代。这是很重要的一部分内容，作者要把握好尺度，根据读者群体对所写的内容的了解程度，来确定文章背景的多少。背景交待要详略得当、恰到好处，如果把握不好度，就宁可多写一点，也不要缺项，首先要保证读者能读懂。

3. 思路交代要清楚

文章在解决问题之前，一般要写一下解决问题的思路，特别是一些研发性论文的写作上，要写一下打算通过什么方法、什么手段等来研究并解决这问题，这样也是便于读者了解你的想法、解决路线，以便接下来阅读研究的成果。如论文《精细化学驱模拟技术》中思路部分：

本文采用三个软件最强模块联合方法进行精细模拟。采用 XXX 软件进行精细地质建模→采用 YYY 软件进行水驱历史模拟→采用 ZZZ 软件进行化学驱模拟并预测→形成三种软件最强势模块功能联合的方法→精确进行化学驱模拟和跟踪模拟技术。

有了这个基本思路交代，读者一下就明白你是要怎样进行开展工作，剩下来就是听你是如何使用这些模块，以及模块间互相衔接等方法与技巧了。如果不交代思路，上来就直接说方法会让人感觉到很唐突，为什么要这样做那样做啊？数据流为什么要这样处理啊？等等，会有一系列的疑问，所以解决问题的思路在有些文章里很有必要。

另外，在末级小标题之前，多数情况下有的也要有一个小的思路交代或过程概述，主要写通过什么方法，怎样做才得出的如下认识或结论，我们习惯于叫它"帽"，功能也是让人家了解你解决问题的大概背景、过程和思路的。

4. 语言逻辑要清楚

语言逻辑这里是指在文字部分的说明、叙述、论述等过程中，不要使用较长的句子，或者主题词拼凑性的句子，这样的句子多数逻辑关系指代不清楚，特别令人费解。在实际中发现有些初学者说话的逻辑很强，可是一到文字上就变了，写出的句子不经过其本人解释根本看不懂或不敢确定其真正表达的意思。有时我修改文章看不懂时，我就问作者，作者当我面能很好地回答我的疑问，解释得很清楚，可是再让他们把刚才给我解释的内容补充到材料里后，就又变得不通顺了，我就说你就把你回答我的话进行录音，原封不动记录下来，再写在文章里就可以了，千万不要写很长的句子，像以前科技外语句子一样翻译过来也很长，很难懂，举《共产党宣言》中的一个翻译句子为例：……这种联合由于大工业所造成的日益发达的交通工具而得到发展……，如果把这个句子改成两个小句子：……由于大工业所造成的日益发达的交通工具，使这种联合得到了发展……，就更易理解了。笔者负责编制油田调整方案，现在有的方案写得真的很难懂，连笔者要在方案中查找几个数据都非常费劲，更不用说别人了。这就是因为他们写得逻辑不清，主题词式或长句子，指代关系不清楚。举一个例子请大家看一下，这是一个层系加密调整方案中的一小段：

3. 层段划分调整结果

将 G 油层合采井的 GII 组及以下油层封堵开采 GI 组油层；部署的 GII 组油层调整井网调整层段为 GII1-25 油层。由于该区原 G 油层开发井网只有一套，在部署 GII 组油层调整井网后，该区还需要再部署一套井网开采 GII26 及以下油层。

这段话写得还算可以，只是稍微生涩一点，看完后你还得稍微琢磨一下才能明白作者的意思。笔者把它连同标题一起做了一点改动，看起来就比较易于懂了，具体如下：

3. 将 G 油层细分为 3 段开发（"细分"是直接把缩短开发层系意思指出来，"3 段"是细分的结果）

将该区域 G 油层（GI-GIV）由一大段划分成三小段开发，第一段为 GI 组，第二段为 GII1-25 段，第三段为 GII26 以下及 GIII 组油层。现有井网开采的是整个油层，把这套的井网 GII 以下油层封堵掉，只开采 GI 组；第二段和第三段需要各自部署一套新井网开采。

总的意思就是 G 油层现只有一套井网合采，现在要缩小层系，原井网堵掉 GII 组以下所有层，只留下上部 GI 组开采，底下油层再划分成 2 段，GI1-25 层为一段，GII 组剩余的层与 GIII 组油层一起为另一段，每一段各自打一套新井网开采，大家看哪一段更接近这个意思呢？

5. 感情色彩要清楚

在表达自己观点以及文字论述过程中，还是避免只有主题词式句子，尽量用一些关联词，让读者能从这些词的感情倾向和语气中提前获得你的意图信息，能帮助读者了解你要表达的意思，就是读者听到或见到这些词的时候就能大致猜到你要表达意思了，当读完或听完全部句子后，立刻就能完全明白你所表达的意思。所以在论述你的观点的句子和文字中，尽量多使用一些关联词，下面举例请大家一起体会一下：

1. 目前采出程度**虽然已到达** 45.2%，**但仍**比其他区块低 2 个百分点，还应该深入挖潜。

2. 目前采出程度**只有** 45.2%，比其他区块低 2 个百分点，还应该深入挖潜。

3. 目前采出程度**虽然只有** 45.2%，**但仍**比其他区块高 2 个百分点，已达到各区块最高开发水平。

4. 目前采出程度**已达到** 45.2%，比其他区块高了 2 个百分点，为各区块最高开发水平。

5. 目前采出程度**不仅达到** 45.2%，**而且**含水程度还比其他区块低 2 个百分点，已达到各区块最高开发水平。

当你看完以上句子的关联词之后，不用看后面的小体字就大致能知道作者要表达的意图倾向，小字的内容基本可以猜到的，只是不知道具体数字而已，只要注意一下后面的数字就能完全懂了。

6. 时态语气要清楚

时态语气主要是指在句子中，要像英语一样有"完成时、进行时"等时态概念，尽管在汉语中时态不体现在动词上，但从一些副词上却能体现出来的，如："着、了、过、已经、必须……"等副词，都能体现出时态的概念。有了这些副词的帮助，你就知道某动作是已经完成的、正在进行的还是将要进行的了，也可以在句子里使用有隐含时态含义的词语，只要能表达出时态意思就可以，如："上半年生产指标超计划运行"，句子里没有副词，但也表达出了"完成"状态的意思。因此在文章中总结成绩、成果、认识与结论和下步工作安排等部分，都要使用相应的语气时态。

实际中我们发现，无论是技术报告还是行政事务报告，都有一个共同点，那就是在总结过去的成绩（有时也是教训）与经验时，从标题到里面的句子里，都采用了"完成时"的语气，让人们无论从标题上还是从内容的语气上，都能感受到那是对"过去工作"的总结，是"已经发生过"的事情，而有的报告标题是主题词式的，没有时态语气的体现，正文句子中也没有，如果只听到其中一部分内容，很难知道是在"总结工作"还是在"安排工作"，使文章信息的传递不明了。

同样，在最后"下步工作安排"部分中，要用祈使句语气，是在命令、安排任务，所以标题和正文句子中都要有"要、必须、继续……"等或隐含的祈使句的语气词，否则就不知道你是在"总结"还是在安排工作了。

我在参加一些年会时就深有体会，有些单位的总结报告写得非常清晰，你拿过来前后大体翻一遍，看看标题，就知道报告的主要内容；而有的单位写的报告就不清晰，末级标题是主题词式的标题，看不出结论，也看不出时态语气来，简单翻一遍掌握不了其主要内容，得详细读完或听完报告才能了解其主要内容。有时听报告的时候，由于手头有点急事，开个小差或去趟洗手间，再回来接着听就听不懂了，不知讲到哪一部分了，是继续在总结呢？还是已经到了后面的工作安排了呢？得需要在报告上找到所讲的具体位置，才能知道讲到哪一部分了，这种报告听起来很费劲。这就是因为没有时态语气的体现，阻碍了信息的有效交流与传递。

7. 对象需求要清楚

所写的论文，特别是报告、汇报材料，一定要清楚对象是什么层次人物？听者需要听到或看到详细到什么程度的报告？你的报告材料应该写得细一些还是粗一些？详略到什么程度，要把握好，绝不能千篇一律。

文章的详略程度应该和背景交代相反，一般应遵循**"远略近详"**的原则，工作性质离你越近的人，因为对你的工作比较懂，如果想听你汇报，就是想了解你的细节是怎么解决的，你就详写一些；而离你远的人主要听你的工作概况和主要观点结论，因为离你越远的人越不了解你工作的具体内容，所以就不关注你的细节部分了，你就简略一些，以表达观点、结论为主。就像我们汇报项目，到省部级以上的项目汇报，基本就是一点简介，没有详细的论证过程了。

所以给你的主管领导、公司领导、总公司领导汇报技术工作的写法都是不一样的，在把握好"远略近详"的原则基础上，还应该了解对方重点想了解什么，给你多少汇报时间。给的时间多，你就得详细汇报；给的时间少，就得简要汇报。希望作者拿捏好详略的尺度，这样才能汇报好。记得电视剧《毛泽东》中王稼祥从苏联带回来关于共产国际对中共做法的意见，王稼祥把译好的两页稿给了毛主席，毛主席比较急于知道结果，就说："我先不看了，你概括说一下吧。"王稼祥就说："一扫积阴见太阳"啊，毛主席先是一怔随后就笑了说："你这也太概括了。"当对方着急知道最终结果时就得简单说，如果此时你再长篇大论地讲起来没完没了就不合适了。例如 2009 年我在总公司汇报一个油田加密调整油藏、采油、钻井、地面工程一体化方案，书的重量三斤八两，给我的汇报时间最长，两个小时。可是由于前面的汇报的时间超了，给我留的时间就少了，我们油田带队领导通过老总传话给我，要我时间压缩一些，给一个半小时，我说可以，一会又传过话来，给 1 个小时，我说明白，一会又传过话来，再缩短，只给你 45 分钟，我说没问题。我觉得我这次不应该讲得太细，45分钟比较适宜，因为本次不仅有本专业的，还有采油、钻井、地面等其他相关专业的方案，台上其他相关专业的专家不懂地质的细节，同样地质专家也不懂其他专业的细节，不能像在内部专业审查会上一样详细地讲，一定要简略概要，而且背景交代很重要。所以等我上台后，尽管只有45分钟时间，我还是用了十多分钟时间来讲背景、思路和做法，然后简要讲了各专业方案的特殊做法和设计结果，加上专家提问时间，正好45分钟结束汇报。各专业专家对涉及自己专业的内容都很满意。吃晚饭时，我们总带队亲自对我表示了感谢。

前面几位汇报的是地质方案，有些是其他专业的专家，不想听地质专业的细节问题，再有即使是本专业专家，因为距离我们基层跨度比较远，也不用了解过细的资料，此时过细的汇报就显得啰嗦且无吸引力了，有的专家都开始打瞌睡了。

有了"远略近详"的原则，有时还得根据实际需求来定详略程度，时间给得长就细讲，给得短就略讲，要达到收放自如才能收到好的汇报效果。

第三节　媒体的制作及汇报要做到"七个化"

文章写法很重要，但是汇报也很重要，不论是讲论文还是工作汇报都要有一套技巧，从媒体的制作、汇报的语气、汇报的方式等都要做到最大限度让听者听懂你所讲的内容，因此笔者在汇报系列也做了一些总结，即汇报要做到"七个化"，具体如下：

1. 媒体制作傻瓜化

这就是说媒体制作总体要求是让外行人都能看懂，你的媒体制作一定要达到不用讲就能让人看懂的程度，换句话说，你制作的多媒体要达到让你的同事都能替你讲的程度（在不需要超出报告范围回答问题的情况下）。要达到这一点，首先字数要少，以文字叙述为主的媒体，每屏不超过 48 字，版面要干净，主题要明了，让人看上去舒服，同样也能有助于听者快速懂得你的意思，达到你要汇报的目的。也有的说 42 个字等，不论 48 个字还是 42 个字，关键是尽量少用字，要遵循"**能用图的不用表，能用表的不用字**"的原则，因为人读文字的理解速度比视图理解要慢，尤其是汇报场合，就更要少用文字，多用图表，加快听者的理解速度。

在用图的时候，特别是用来说明各元素之间相对位置关系的图，如地图、井位图等，长宽比决不能变，要**保持图形原始长宽比**，避免图上各元素空间关系产生变化，影响人对图示内容的正常理解。

2.单屏媒体主题化

每屏多媒体无论是文字还是图表，一定要有一个结论式的主题，这可以点燃听者的兴趣，抓住听者的心，否则看着满屏的图表或文字没有主题提示，你不讲听者就不知道你要表达什么意思，有的甚至在你讲的过程中，都不出现这一屏的结论主题，听者就更不知道你要表达什么意思了。例如下面的例子，这一屏的题目是主题词式的文字，这等于没有结论式主题，一张大表密密麻麻的数字（图2-6、图2-7），如果你不开口讲，听者要详细看完你这张表才知道你要讲的意思，估计看完这张表至少得需要1~2分钟。

三、连通油井见效情况

3.2 连通油井数据表

序号	连通油井	措施前				措施后				差值			
		产液(t)	产油(t)	含水(%)	沉没度(m)	产液(t)	产油(t)	含水(%)	沉没度(m)	产液(t)	产油(t)	含水(%)	沉没度(m)
1	高103-43	70.72	6.88	90.27	477.78	83.11	7.93	90.46	330.07	12.4	1.05	0.19	-147.71
2	高103-44	128.4	8.24	93.58	236.71	115.59	7.56	93.46	178.63	-12.8	-0.68	-0.12	-58.08
3	高103-45	70.46	8.14	88.45	200.13	64.05	7.44	88.38	143.1	-6.41	-0.7	-0.07	-57.03
4	高105-43	121.1	7.77	93.58	232.76	115.86	8.95	92.28	187.63	-5.24	1.18	-1.3	-45.13
5	高107-43	89.04	8.6	90.34	377.88	81.63	9.22	88.71	206.25	-7.41	0.62	-1.63	-171.63
6	高107-45	89.22	5.77	93.53	123.05	103.67	6.59	93.64	261.63	14.5	0.82	0.11	138.58
7	高107-47	12.68	2.59	79.57	308.62	12.66	2.42	80.88	499.85	-0.02	-0.17	1.31	191.23
8	高107-48	76.26	6.52	91.45	442.99	76.02	5.82	92.34	156.37	-0.24	-0.7	0.89	-286.62
9	高107-49	36.49	3.47	90.49	42.1	44	3.7	91.59	360.77	7.51	0.23	1.1	318.67
10	高109-49	62.61	4.82	92.3	288.11	72.07	4.9	93.2	367.25	9.46	0.08	0.9	79.14
11	高111-48	51.79	5.05	90.25	891.79	69.77	9.16	86.87	954.8	18	4.11	-3.38	63.01
12	高111-49	35.31	8.76	75.19	224.46	62.79	13.64	78.28	38.05	27.5	4.88	3.09	-186.41
13	高103-47	59.68	6.5	89.11	21.48	41.88	4.42	89.45	18.02	-17.8	-2.08	0.34	-3.46
14	高105-47	78.61	7.7	90.2	289.81	89.56	8.52	90.49	81.94	11	0.82	0.29	-207.87
15	高105-49	48.56	1.72	96.46	119.81	65.72	2.07	96.78	787.58	17.2	0.35	0.32	667.77
16	高112-更42	88.63	3.97	89.74	61.26	35.85	3.74	89.57	63.62	-2.83	-0.23	-0.17	2.36
17	高103-46	79.62	3.99	94.99	178.08	73.62	3.61	95.1	165.34	-6	-0.38	0.11	-12.74
18	高103-47	59.68	6.5	89.11	21.48	41.88	4.42	89.45	18.02	-17.8	-2.08	0.34	-3.46
19	高107-45	89.22	5.77	93.53	123.05	103.67	6.59	93.64	261.63	14.5	0.82	0.11	138.58
		68.32	5.93	91.31	245.33	71.231	6.35	91.08	267.40	2.91	0.42	-0.23	22.06

图2-6　某幻灯片原片无主题

三、连通油井见效情况

3.2 连通油井见到明显效果，平均单井日增油0.42t

序号	连通油井	措施前				措施后				差值			
		产液(t)	产油(t)	含水(%)	沉没度(m)	产液(t)	产油(t)	含水(%)	沉没度(m)	产液(t)	产油(t)	含水(%)	沉没度(m)
1	高103–43	70.72	6.88	90.27	477.78	83.11	7.93	90.46	330.07	12.4	1.05	0.19	–147.71
2	高103–44	128.4	8.24	93.58	236.71	115.59	7.56	93.46	178.62	–12.8	–0.68	–0.12	–58.08
3	高105–43	70.46	8.14	88.45	200.13	64.05	7.44	88.38	143.1	–6.41	–0.7	–0.07	–57.03
4	高105–43	121.1	7.77	93.58	232.76	116.86	8.95	92.28	187.63	–5.24	–1.18	–1.3	–45.13
5	高107–43	89.04	8.6	90.34	377.88	81.63	9.22	88.71	206.25	–7.41	0.62	–1.63	–171.63
6	高107–45	89.22	5.77	93.53	123.05	103.67	6.59	93.64	261.63	14.5	0.82	0.11	138.58
7	高107–47	12.68	2.59	79.57	308.62	12.66	2.42	80.88	499.85	–0.02	–0.17	0.31	191.23
8	高107–48	76.26	6.52	91.45	442.99	76.02	5.82	92.34	156.37	–0.24	–0.7	0.89	–286.62
9	高107–49	36.49	3.47	90.49	42.1	44	3.7	91.59	360.77	7.51	0.23	1.1	318.67
10	高109–49	62.61	4.82	92.3	288.11	72.07	4.9	93.2	367.25	9.46	0.08	0.9	79.14
11	高111–48	51.79	5.05	90.25	891.79	69.77	9.16	86.87	954.8	18	4.11	–3.38	63.01
12	高111–49	35.31	8.76	75.19	224.46	62.79	13.64	78.28	38.05	27.5	4.88	3.09	–186.41
13	高103–47	59.68	6.5	89.11	21.48	41.88	4.42	89.45	18.02	–17.8	–2.08	0.34	–3.46
14	高107–48	78.61	7.7	90.2	289.81	89.56	8.52	90.49	81.94	11	0.82	0.29	–207.87
15	高105–49	48.56	1.72	96.46	119.81	65.72	2.07	96.78	787.58	17.2	0.35	0.32	667.77
16	高112–更42	38.68	3.97	89.74	61.26	35.85	3.74	89.57	63.62	–2.83	–0.23	–0.17	2.36
17	高103–46	79.62	3.99	94.99	178.08	73.62	3.61	95.1	165.34	–6	–0.38	0.11	–12.74
18	高103–47	59.68	6.5	89.11	21.48	41.88	4.42	89.45	18.02	–17.8	–2.08	0.34	–3.46
19	高107–45	89.22	5.77	93.53	123.05	103.67	6.59	93.64	261.63	14.5	0.82	0.11	138.58
		68.32	5.93	91.31	245.33	71.231	6.35	91.08	267.40	2.91	**0.42**	**–0.23**	**22.06**

图2–7　增加主题后多幻灯片

笔者把这张片子简单修改了一下，加上了带观点的主题或标题，下面又把重点数字加重突出一下，大家只要读一遍上面的标题，再看一眼下面加重的数字，就完全能了解你要表达的意思了，10秒种时间足够。最好是你一打出这一张片子，听者简单扫一眼片子上的关键字就能大致明白你的意思，再加上你的简单讲解，就更加了解你要表达的观点了。当听者明白你所讲的内容后，也就愿意跟随你的思路走，否则听者听不明白，跟不上你的思路，他就不愿意跟着你的思路走了。

如果像第一张片子你不加主题，再一晃而过，而且你的汇报材料每屏都是这样的话，主听者可能要做3件事，一是叫住你，回放没看清的片子，详细问情况；二是不再继续听你的汇报，自己低头翻你的汇报材料了，这两点都证明你的汇报失败；三是如果有性子急的领导干脆就不听了，直接问你几个他想知道的问题就结束了，或者比较客气地说以后所有汇报都让主管领导来讲。这些都是对你的汇报不满意，如果汇报到这种程度，会收到好效果吗？以后还能给你露脸的机会吗？当然，露不露脸是次要的，关键是埋没了自己的工作成绩。

3. 文字叙述条块化

如果在汇报媒体中避免不了较多的文字出现时，那也不要把文字一行一行地全摆上，一定要把大量枯燥文字叙述或按意群、或按主题词、或分行、或分块来表示，互相独立成块，使其内容之间的关系一目了然，便于快速理解，否则满屏密密麻麻的文字，你得需要一个字一个字地去读，很耗时、很乏味、听者也很着急，还有的不但满屏文字，可是连文字的字体都不美化一下，就用小仿宋字，在电脑屏上看还可以，一放到汇报大屏幕上，满屏都是细若蚊足的小字，几乎看不清楚笔画，专家领导多数眼睛都开始花了，你说他们看着能舒服吗？效果能好吗？

下面我举一个例子（图 2-8、图 2-9），这是某年终

例2：

1）三次采油技术成果现状

> 萨中地区已结束注聚区块实践证明。葡一组主力油层采用聚合物驱．在水驱基础上，最终采收率能够再提高10个百分点以上；三元复合驱效果更好，北一区断西三元复合驱矿场试验结果表明，葡一组主力油层采用三元复合驱能够比水驱再提高采收率21.51个百分点；未进入现场的一些室内研究也在多方面进行，最近室内实验研究结果表明，主力油层采用泡沫复合驱可提高采收率比水驱高30个百分点以上。

图2-8　某幻灯片原文字图

第四部分：油田开发潜力及"十一五"规划

例2：

1）应用三次采油技术，主力油层提高采收率可达10~30个百分点

1 注聚区块实践证明，主力油层采用聚合物驱，能够提高10个百分点以上；

2 三元复合驱矿场实验结果，主力油层采用三元复合驱能够提高采收率21.51个百分点；

3 室内实验研究表明，主力油层采用**泡沫复合驱**可提高采收率30个百分点以上。

图2-9　修改分条块效果图

开发技术年报上的材料，这一屏的第一稿都是文字，很单调、枯燥。于是我就帮助作者修改，我说即使全部是文字，你也要分条、分块，不能把文字全都写在屏幕上，我指导改后的这一屏就不一样了，整个版面分成条、块，非常清晰，比改之前的那一屏容易懂得多了，一搭眼就知道内容分 3 条，一是注聚提高 10 个百分点；二是三元提高 21.5 个百分点；三是泡沫提高 30 个百分点，非常容易看懂。

4. 抽象概念图示化

关于抽象概念图示化，与上面的"文字叙述条块化"是一样的情况，一些抽象的概念也多是大量的文字叙述，因此看起来也很烦琐，不易于读懂，也采用上述方法，把文字分成条块，再加上用示意图的方式，来表示其中各要素之间的关系，有类似框图的作用。下面举一个例子，这也是我在单位某年终汇报材料里的一段，原始稿是一屏文字（图 2-10），大约 300 个字，如果在大会上汇报，这么多的字要读完，很耗时也很费力，听报告的人一定有不耐烦的情况。用我的图示化方法改完后，把文字表述的概念关系图示化了，之间关系比文字描述还清楚，整个版面清晰明了，我相信大家也都更喜欢这个图表化的表达方式。

例1：

3、深化多学科油藏研究，推进研用一体化工作模式

明确工作思路，成立组织机构，落实两个突出，制定实施方案，力争三年实现两驱动态分析人员从建模、数模到成果应用及跟踪调整一体化模式。

今年首先在北一区断西高台子区块率先开展研用一体化工作，建立了基础数据组织标准、成果数据验收标准和工作推进管理制度。以次块为示范，首先以细划区块，师徒结对方式开展工作，按150万节点规模，划分80个模拟工区组建8个师带徒形式研究组；二是编制操作规范手册，详细梳理操作流程、操作规范、操作步骤手册，从零基础入门，开展数模建模工作；三是规模专业人员对区块应用的跟踪和指导指导，实现两驱工作人员建模、数模一体化工作模式。过程中突出动态、三采技术人员的工作主导地位，突出多学科室专业人员的监督指导技术攻关作用，形成了两驱工作人员研用一体化横式先导与示范，为全厂推广提供了经验。

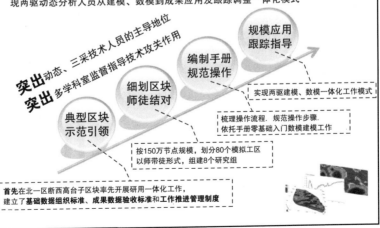

图2-10　某文字叙述图示化的效果对比

5. 汇报语言口语化

所谓口语化，就是多用短句子，少用长句子、少用生僻字等，多用日常口语化的东西，有些时候口语化的东西很活，很生动，描述、解释都很准确，切不要为了显示你的文学水平，用一些生僻拗口的词句，使别人理解起来很费劲，这不但显示不了你的水平，反而阻碍了你的表达力，你看十八大报告，那么郑重庄严的场合，都用了口语化的文字，比如十八大报告中"只要我们胸怀理想、坚定信念，不动摇、不懈怠、**不折腾……**"，这句话中就用了"不折腾"这个口语化的词，通俗易懂，接地气。

在汇报中要特别注意一些数字、年月日时间长度的计算，尽管字面上写得很清楚，但需要去换算的，你一定要在念完数字后帮助换算一下，帮助听者理解，否则你读完数字就翻页，听者还在底下换算呢，等他计算完理解透了数字的意义后再抬头看你的讲稿时，你已经翻过去好几页了，他会马上叫你等一下，返回到刚才那张片子上核实一些问题，这也是非口语化的一种，如片子中写到"从 2014 年 5 月份到 2017 年 1 月份试验区注入了 0.7PV 的聚合物溶液，含水下降了 5 个百分点……（二年零八个月注入 0.7PV，平均年注入速度 0.26PV/a）"，括号中的内容尽管你没写在片子上，但在你读完前面这句话后，也要口头把括号中的内容讲出来，帮助听者了解到这块试验区的注入速度，以便听者来评判这个注入速度是否合理。若读完就翻篇，听者会跟不上你的思路和节奏，有的人可能就不听你继续汇报，又开始低头看你的材料了，这就收不到应得的效果。再举一个例子，某区块井网密度为 275 口 /km^2，这个数字你能知道井到底密到什么程度了吗？我相信除了搞布井方案的人外，没人会立刻感受到的。这个密度是平均井与井之间的距离为 60.3m，非常密集，汇报时这个数字你可以不写在屏幕上，但不可以不说，尤其是给非本专业人或领导汇报，更得说出来，既然说了就要说透，让他彻底感受到井的密集程度，暗示出给开发带来的各种难度，以便其下一步的决策。

6. 表述语气讲解化

汇报时要用讲解的语气，"讲"是直接读文字内容，一般并没有扩展，"解"是在文字之外进行解释，是有扩展的，在说完屏幕上显示的文字内容后，对于一些难于理解的问题，还要对其进行解释，这就是讲和解，这样能让听者比较全面快速理解你要表达的意思。由于一个人在听报告的时候理解的速度是一定的，你朗读得快，每分钟文字的信息输出量就多，听者的文字信息接收量也得多，作为资料的陌生者还得用脑去加工这些信息，特别是一些技术逻辑过程、数字的计算、空间、地理方位的转换（没有图示情况下）、大脑的分析、整理、判断都需要一定的时间，如果你只讲而不对一些问题进行解释，让听者自己去思考，听者就跟不上你的汇报速度了。我经常遇到这样的情况，今年就有一位论文发布者，这个人曾经当过讲解员，讲话很标准，语速很正常，也很用功，把论文都背下来了。即使这样，由于她像广播一样地连续播报，有些数字、方位等也不进行解释，一些关键地方我来不及反应就翻篇了，跟不上她的语速，没怎么听懂，我相信在场的其他评委也不会全部都能听懂的，怎么能给她高分呢？因此一些难理解的地方，比如方位词，西东块、西中块、北东块……几分钟之内若连续出现这些方位词，而又没有图示，听报告人根本反应不过来，还有一些大的数字、逻辑关系等，还来不及反应及梳理明白就过去了，这样的汇报方式一定不会有理想的效果的。

所以汇报时一定要用讲解的方式，只有这样的方式才具有较强的感染力、亲和力，使听者易于进入与你一起分享成果的境界。

7. 面目表情交流化

汇报是一种"交流"，有来有往的信息沟通，包括声音的交流、视觉的交流、表情的交流，三者合一才能收到最佳的汇报效果，你才能最大限度地表达自己的想法，听者也才能最大限度地了解你的意图，双方毫无遗憾。因此要达到三者合一的交流，汇报一是要面对听者进行讲解，为声音、视觉、表情的相互交流提供最佳位置，千万不要背对着听者去读屏幕进行盲讲，这样会阻碍信息的交流，拉大汇报者与听者之间的距离，听者不易进入状态，也就取得不了好的汇报效果。二是要与听汇报者进行面部表情的互相交流，听者的喜、怒、哀、乐、疑惑、赞同等表情你要把握准，根据其面部表情来决定你如何进行讲解，同时你也要对其的理解程度做出反应，即给对方赞同或不赞同等的表情做出反应。三是要达到与主听者眼神交流的程度，眼睛是心灵的窗口，任何心理状况都会通过眼神反映出来。当主听者表现出有疑虑时，就要想方设法去说服他，大脑里储存一大堆数据资料，一条不行就再补充一条，直到主听者投来赞许的目光或点头为止，这样讲解就可以把控住节奏，根据听者的反应情况来调整汇报的速度。听者如果理解了就快一些，如果没理解，就稍停进行必要的解释，只有主听人听懂了、满意了，你的汇报才能算成功。

另外，汇报讲解的速度一定要恰当，要根据听者的理解的能力与速度来决定讲解的速度，特别是要根据主听者理解速度来确定。随着年龄的增大，人的反应能力与速度会变慢，60 岁的人比 30、40 岁的人反应速度肯定要慢，所以给年龄较大的人汇报的速度一定要慢，如果速度太快，听者反应跟不上，理解不透，就会提很多问题，甚至会要求重讲，影响汇报的整体效果。所以汇报讲解的速度一定要根据听者的年龄情况来定，给年长者汇报时一定要慢一些，根据其面部表情就可以判断出汇报的效果。

汇报站位既要考虑自己汇报方便，也要考虑与主听者交流方便，在小型会议室，一般汇报者要站在主听者对侧右前方，屏幕边缘垂线之外（图2-11），不要挡住同侧听者的视线，汇报站位、屏幕、主听位大致成一个其中一个60°的直角三角形，这样可以与主听位形成直视关系，稍侧身就可以看到屏幕，汇报者对屏幕内容要做到心中有数，且屏幕内容只是起到提示作用，用余光扫一下就可以讲下去。

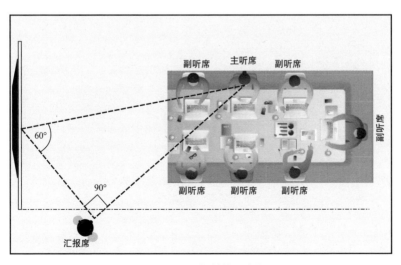

图 2-11　汇报站位示意图

　　大型会议室由于距离远，看不清楚主听者的表情，但也可以接收到大致的表情信息，即使接收不到信息也不要背对主听者去读屏幕，否则会拉大与听者的距离感，影响汇报的效果。

第三章
文章的"总结"与"拔高"写法

在文章的写作中，主要的成果、观点一定要有提炼总结，总结得到位、全面、有高度的过程就叫作"拔高"。那么"总结"与"拔高"之间是什么关系，怎样做才能"总结"和"拔高"到位呢？

第一节 什么是"总结"与"拔高"

"总结"就是对文章中所涉及的诸多现象、问题、资料，通过分析、归纳，找到其的共同的特点、特性、共同的规律的过程，就是总结或认识，其规律和共性的东西，找得越准确，总结也就越正确。

自然科学文章是找事物的共性与规律；文学、艺术作品也是反映人性、社会的特性与规律。

"拔高"就是加大总结与认识的深度与广度。总结的东西涵盖范围越广就越有高度。"站得高看得远"就是这个道理，你在高的位置向下看覆盖面就大；反之就越小。"涵盖面越广大，拔得就越高；同样，拔得越高，涵盖面也就越广大"，这就是"总结"与"拔高"关系。

第二节　如何"总结"与"拔高"

总结是把纷繁的多样的个性事物放在一起，描述出它们个体的特点和内部规律，把多个事物的特点和规律放在一起，像数学一样取其交集，即共同拥有的那部分特点和规律，这个"取交集过程"就是"总结的过程"。

所谓"高度"就是指总结的正确规律的涵盖面的"广度"。"拔高"就是在总结的过程中，把更多的事物个性的特点和规律放在一起，从中找共同点，即求取能涵盖住大量元素集合的交集的过程。交集涵盖元素越多，高度就越高；否则就越低。因此总结的外延加大一些、内涵缩小一些，其高度也就更高一些。下面举一个例子比喻一下（实际不一定是这样的，只是做个比喻），比如说不同地域人喜爱的口味吧，随着地域的变化，人们喜好的口味都在变，如果不同人喜好的口味中都含有"咸"味，那么"咸"味就是这些人喜好的口味中共有的部分，也就是这些人喜好的口味中"咸"味是交集部分，从最初的一个"黑龙江省"到最后的"全中国"，地域变大了，人也多了，涵盖面就广了，高度就到了，如果再加载信息量，可能最后的总结是"脊椎动物"生理都需要"盐分"的规律和特点（图3-1）。

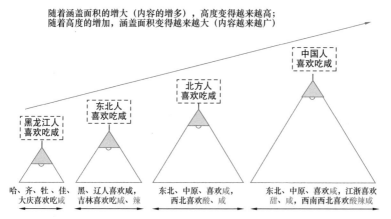

随着涵盖面积的增大（内容的增多），高度变得越来越高；
随着高度的增加，涵盖面积变得越来越大（内容越来越广）

图 3-1　总结拔高关系图

再比如，一个东北农民，在上冻前采购物资。第一种情况，他只养一些牛羊，他需要备足给牛羊吃的"干草和粮食"，可将其概括成"草料"；如果他还养了猪、鸡、狗、兔子，那他就需要备足"牛羊吃的草料、猪吃的饲料、狗吃的肉、小兔吃的青菜等"，这些物资就要概括成"饲料"；这个人还得备一些人需要的柴米油盐、棉衣、棉被等物品，所有这些就要概括成"越冬物资"，一个比一个涵盖面广、内容多，这就是对多个事物的概括，用个词或一句话概括出来就是"总结"。

包含的面大了就是有高度；有高度也就是包含的面大，二者是从两方面描述一件事情，粗壮的大树就一定很高，很高的大树一定是比较粗大的，总之就是体积空间最大化。

这里再举一个实际例子，这是笔者在做培训课时遇到的一例，原文如下：

2.3 车厢式计量间耐火等级

车厢式计量间常见的问题是分离器、阀组或管线穿孔泄漏，当泄漏挥发气体达到一定浓度时，周围环境若有火源（明火、电火、汽车打火、静电火花等）将会引发池火灾及爆炸事故。池火是指可燃液体泄漏后流到地面形成液池，遇到火源燃烧而形成的火灾。影响池火灾事故严重度预测结果的关键参数有：池面积、燃料燃烧速度、池火火焰高度、计量间墙体耐火等级、人员伤害和财产破坏的临界热通量。

通过建立池火灾模型分析车厢式计量间发生火灾带来的后果可知：当原油泄漏进入计量间内，如遇可激发能源形成池火灾时，以穿孔点为中心，距离事故中心4.74m范围内的设备、设施将全部损坏，人员停留时间超过10s时死亡率为1%，超过1min时死亡率为100%，箱体易于燃烧及外扩引起周围大火，而砖混计量间由于墙体耐火等级高，可以阻止火势及外延现象，一旦发生火灾砖混计量间可以极大降低其强度等级，避免更大火灾。

这一段算是有一个主题词式的概括，是说车厢式计量间的耐火问题，可是没有总结出它的特性，别人看不明白要表达这种计量间好还是不好，没有给出结论，需要读者读完这段文字自己去总结，缺少了一个结论式的总结，即结论化的末级标题。笔者指导该学员总结出来一个结论化的标题**"车厢式计量间防火能力较差，易发生更大火灾"**，把这个标题加上去就一目了然，知道作者要表达的内容了。

总之高度的总结是必须的，但高度要适度，过高的总结会太抽象，不容易解析，即过高的总结与认识在推广应用过程中解析起来很困难，会阻碍技术的应用与发展，除了文字意义与现代差异较大之外，还有一点就是高度概括，涵盖内容特别多，解析到具体事务很难，因此现代人用起来很困难。

另外，在总结标题时，尽量整齐、简练，但不要为了过分的对仗和整洁美观，而限制了对内容的表达。尤其是在论文中不要过分强调文字个数的对仗整齐，在工作总结等材料里可以加大一些对仗力度，但都要在不影响观点意思的完整表达的基础之上进行。

第四章

油田常用文章的写作方法

第一节　单井分析的写法

1. 单井分析的基本方法

在油田开发调整中，单井的动态分析是一种最常见最基本的方法，从事区块管理的动态分析岗位人员，每年都要举办单井分析大赛，这种大赛分析文章的写法，常采用论文书写格式，即**提出问题、分析问题、解决问题**三大部分。具体提纲可以写成如下 5～6 部分：

×××单井分析

一、XX 井基本概况

二、XX 井存在的问题

三、问题产生的原因

四、解决问题的方法

五、取得的效果

六、下步工作（少写）

在这里要注意的是"××井目前存在的问题"部分，与前面讲的论文里提出的问题一样，是现象性问题，不是本质性问题，这样再往下分析才能进行下去。

第一、第二部分有时可以合并在一起写，当"概况"和"问题"的文字比较少时，如果分开写显得太单薄，就可以合在一起写，即"基本概况及存在问题"；

第四、第五部分有时也可以合在一起写。其中"取得的效果"是证明前面分析问题是否准确、解决办法是否有效的，如果"效果"部分文字较少时，也可以合在一起写，附在段末，另起一行写实施治理方法后的效果怎样就可以了，标题可以不变。

第六部分尽量少写或不写，写多了给人感觉工作还没有完成，文章写早了。影响文章给人的整体观感。

2. 目前单井分析写作中常见的问题

目前，在单井分析材料的写作上存在着一些问题，一是题目与内容不符；二没有问题提出部分；三是段落之间逻辑关系不顺畅；四是没有问题分析部分。下面举一个实际例子：

721-×××井压裂效果分析

一、井组基本情况

该井位于过渡带地区、断层边部，射开砂岩厚度21.6m，有效厚度4.4m，压前日产液9.69t、日产油0.84t，含水91.3%。

二、潜力分析及压裂方案编制

该井开采层位多数处于差油层部位，周围有4口水井相连通，数值模拟显示有剩余油，从生产上来看，该井低于周围同期开采井的日产水平，属于低产井，同时含水较低，具备一定挖潜潜力。从该井压裂前开采状况与全区三次加密井平均水平对比来看，存在以下问题：产能低：日产液为9.69t，采液强度仅为2.2t/m·d；流压低：流压仅为1.27MPa；含水低：含水91.3%，有剩余油挖潜潜力。

对该井的薄层段编制了压裂方案，同时对其周围4口水井联通层位提高注水量 $10m^3$ 以上，进行压前培养。

三、压裂效果分析

2018年5月15日对该井实施压裂同时上调参，目前日增液28.48t、日增油3.55t，取得了一定的措施效果。

四、存在问题及下步工作建议

五、几点认识

前面说的几个问题在这个例子中都存在。

一是标题与内容不符，标题是"×××井压裂效果分析"，按这个标题的意思接下来就应该回答"压裂效果"怎样？问题解决了否？压裂达到了设计各项参数否？从内容看显然不是分析压裂效果如何的，是一个单井治理的案例，应该命名为"×××井低效治理分析"或"×××低效井原因分析与治理"等较为妥当，有时也可以写的稍微文学一些，如"综合治理低效井，使多年老井焕发青春"，这种叫法也是不错的，因为单井分析材料也含有工作、宣传的成分在里面，这么命名也可以，但论文的题目就不可以这么命名了。

二是没有提出存在问题。全文没有该井目前存在的主要问题（现象性问题）是什么，只在潜力分析的后半部分说了"产量低"问题，但还不准确。如果不提出该井存在的问题，怎样对一口没有任何问题的井（即正常井）开展工作呢？开展什么样的工作呢？没有工作方向。如果把"低效"定为这口井存在的问题，这样就可以继续往下分析了。

三是段落之间逻辑关系不顺畅。从基本概况到潜力分析及压裂方案编制，再到压裂效果分析，三个主题部分没有逻辑关系的必然联系，三者之间是拼凑的，三者之间互不相关，导致思路不连续。正确的逻辑关系应该是该井目前存在问题、问题产生的原因、解决问题的办法及效果，这样三部分逻辑关系就清晰连贯了。

四是没有"问题分析"部分，在文字中间提的所谓的存在的问题，因为不是现象性的问题，导致无法继续分析下去，造成问题产生的原因分析部分缺失了。

如果把它按照前面给出的格式写就比较顺畅了。

×××低效井原因分析与治理

一、XX井基本概况

该井位于过渡带地区、断层边部，射开砂岩厚度21.6m，有效厚度4.4m，目前日产液9.69t、日产油0.84t，含水91.3%。

二、XX井存在的问题—低效

该井存在的问题是供液不足。流压仅为1.27MPa，含水91.3%，日产油为0.84t/d，为低效井，需要治理挖潜，提高该井产量。

三、低效的原因分析

1、该井开采层位多数处于差油层部位，油井端产液能力低；

2、与差层连通水井层位吸水量少，造成地层能量低。

以上两点使油层产液能力低，造成供液不足，流压偏低。

四、解决低效的方法

1、对差油层实施压裂改造，增强差油层渗流能力，增加油井的产液能力；

2、提前对连通的水井端层位实施增注，为油井压裂储备地层能量。

五、治理的效果

2018 年 5 月 15 日对该井实施压裂同时上调参，目前日产液增加到 42.46t、日增油 3.55t，含水下降 1.5 个百分点。取得了一定的措施效果。

六、下步工作

该井下步还要……

从改后的这个提纲和内容来看是比较好的，逻辑关系衔接合理，内容紧凑，题目也与内容相符。

第二节　区块分析的写法

1. 区块分析的基本方法

区块分析是单井分析的提升，是对一个多井组成的开发区块作为一个整体来看，是对这个区块一段时间以来的开发水平变化情况进行分析，好的做法加以坚持推广；不足的加以改正。多数情况还是对一个区块存在的问题，即非正常的现象进行原因分析并加以治理。因此看写区块分析的步骤也是与论文的写法基本一样，基本格式如下：

×××区块分析

一、XX区块存在的问题

二、问题产生的原因

三、解决问题的方法

四、解决问题后的效果

五、下步工作

2. 区块分析写作中常出现的问题

在区块分析的材料中常出现的问题和单井分析差不多，一是提纲各部分内容逻辑关系差，不顺畅，再举一个例子，某区块分析：

×××区块分析

一、前言

二、区块基本情况

三、存在的主要矛盾

四、调整思路及治理对策

五、调整效果分析

六、下步工作建议

七、几点认识

这个提纲缺少"问题分析"部分，在"存在的主要矛盾"之后，接着就是"调整思路及治理对策"，没有原因分析直接上治理方法，逻辑上不通顺。

二是常把区块分析写成工作汇报。从上例中，不难看出这里的"存在的主要矛盾"并不是存在的现象性的问题，而是产生问题的几条原因，这才导致没有下面的"产生问题的原因分析"部分，就直接写治理的思路与方法，然后是效果和下步工作等。这就变成了一个工作汇报材料，而不是区块分析材料了。

区块分析的写法实例，我在前面第二章"提出问题现象化"章节中举的例子就是一个区块分析的写法，这里就不再举例了。

总之单井分析和区块分析的写法都属于分析总结性论文的写作方法，一定要有"问题分析"部分，否则就体现不出一个动态分析技术人员的技术能力，要想有"问题分析"部分，那么提出的问题一定是"现象性问题"，只有这样才能继续对问题产生的原因进行分析，否则就无法分析问题产生的原因，也必定造成这部分的缺失，而使"区块分析"变了味道。

第三节 "六新"成果的写法

"六新成果"是指"修旧利废新途径，技术新成果，隐患管控新措施，节能新点子，管理新流程，操作新方法"，以及以前的"五小成果"等，这些成果的特点是"小"，其写法上的思维关系与写论文是一样的，只是各部分比较小。一般第一步一定是现状及存在的问题与不足；第二部分是问题具体体现在哪里，为什么会这样？第三步是采用什么方法去解决，解决后的效果如何，其具体写法上略有不同。

我把"六新成果"大体分为两种类型，第一类是发明类，指发明出新的成果；第二类是改进类，指有原型，在原型的基础上加以改进出的成果。具体写法如下：

1. 发明类"六新"成果的写法

这六种小成果中具体写法上大体可以分为两类：一类是"新点子""新成果"基本可以归为此类型，但写的时候还要根据实际内容看是否是研发类的还是改进类的，前面我举的搬砖的例子，就是新点子，这类写法类似于"研发性论文"的写法，"问题分析"部分弱一些或没有，以新点子为例具体提纲如下：

×××新点子

一、现状如何？存在什么问题；

二、采用什么新办法来解决上述问题；

三、采用新办法后效果如何。

2. 改进类"六新"成果的写法

另一类是"新途径，新措施，新流程，新方法"多属于改进类六新成果，但也要根据实际内容定属于哪一类型。这类写法与第一种的差别主要是在第一部分上略有不同，就是先介绍"原来的东西"是什么样的，有哪些不足之处，为什么不足？如果有必要的，可以把"为什么不足"单列出来，相当于论文"原因分析"部分，变成四部分，类似于总结性论文的写法，其他两部分是一样的，提纲如下：

××× 新流程

一、原流程等是什么样子？有什么不足？为什么；

二、如何解决原流程的不足（原来没有的可以新建）；

三、新流程等应用效果如何。

"六新"成果写法大致可参考上述格式，但也不要拘泥于我给的格式，还要根据实际需求来写。只要把成果写明了，标题观点明确，逻辑关系顺畅就可以。

下面举一个实际例子：

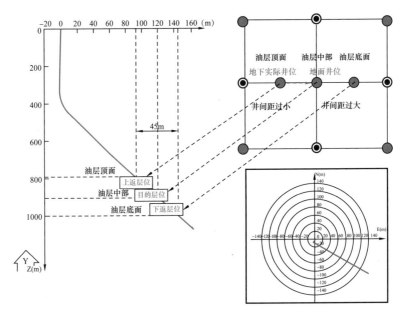

图4-1　三段制井轨迹地下位移图

新钻井在油层顶底位移监控新方法

一、井轨迹位移监督目前现状及问题

在老区钻加密井过程中，由于地面建筑较多，需要钻较多的丛式斜井，斜井在200m厚度的油层中穿越时，在顶面入层位置与底面出层位置会有一定偏移（图4-1），如果偏移量太大就保证不了油层注采距离的平衡。要监督检查钻井位移量，只能在前期钻井设计中查看，很不方便，因此需要一种简洁直观的方法来检查位移量。

二、采用 Petrel 数模软件显示界面井点位移情况

针对以上问题，我们采用 Petrel 数模软件显示模块来显示井轨迹入层点与出层点位置，以及设计井轨迹与顶底界面交点位置，只要位置距离设计井位置 ±25m 的设计要求偏移量之内就算合格。具体流程见下框图（图 4-2）。

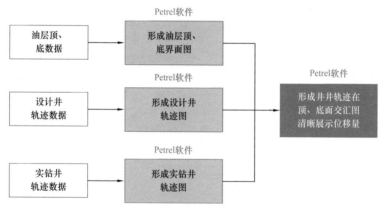

图 4-2　利用 Petrel 数模软件显示界面井点位移流程图

三、采用 Petrel 显示界面井点位置可以检查钻井误差率

2020 年在 ××× 区块钻井时采用该方法，首先优化设计轨迹，然后采用在油层顶底部切面，根据地面井点偏移情况，要求设计轨迹均在要求的 ±25m 靶窗内部，利用该方法有效监督了和检查了新井在地下油层顶底界面的偏移情况，从图上看黑色实钻井点和粉色设计井点在油层顶面基本重合（图 4-3），偏差很小，达到了

收到 ±25m 要求之内，保证了新井注采平衡关系。该方法效果显著，简洁、直观、快捷。

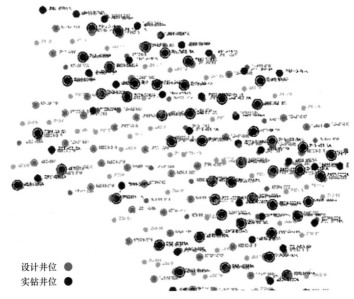

图4-3　设计点与实钻点在油层顶面位置图

第四节　年终工作总结的写法

1. 技术性工作总结的写法

在很多单位，年中、年终都要有一个技术工作总结，我们也称之为技术年报，标题多为根据自己的特色所起的一个名字。一般分为三大部分，第一部分是对上年度（或阶段）的成绩总结，分几个方面，几条去写；第二大部分多是几个重点问题的总结，或者一年工作中的体会；第三大部分是下一年的工作打算安排等，格式大体如下：

××××年×××单位技术工作总结

第一部分　上年度取得的工作成绩

一、原油产量超额完成×××万吨（开发）

二、新增勘探储量×××万吨（勘探）

……

第二部分　几项重点工作

一、×××现场试验工作取得良好效果（开发）

二、×××地区发现油气显示（勘探）

……

第三部分　下年度的工作安排

一、继续加大提高产量措施力度（开发）

二、要加大隐蔽储量的勘探力度（勘探）

……

2. 事务性工作总结的写法

一般管理性、事务性年终或阶段性工作总结我们常称之为"某年度某工作报告"，这种材料也大体是三大块，但第二大部分多是体会，或者是对几个重点工作的剖析。下面举一个×××单位××年纪检工作总结：

××年度纪检工作会报告

一、×××年主要完成的工作

（一）监督检查力度持续加大，管理风险得到有效规避

（二）反腐倡廉教育持续深化，拒腐防变防线更加巩固

（三）信访查处工作持续加强，反腐惩治态势也已形成

（四）内部审计工作持续推进，科学管理水平不断提升

……

二、一年来工作经验

（一）只有紧跟中央形式，才能深入开展工作

（二）只有练就自身硬度，才能大力开展工作

（三）只有加强理论学习，才能科学开展工作

……

三、下一年工作安排

（一）要抓纪律，坚定政治立场

（二）要抓作风，弘扬清风正气

（三）要抓机制，建牢惩防体系

（四）要抓信访，加大查办力度

……

说明：在以上模版中，管理、事务性材料的中间"体会"部分的写法就是常规议论文的写法，但一般不用采用正、反论述方式，多数只是从理论上、逻辑上能够理解以及从你工作中感受得到你的标题观点就可以了。

3. 专题性工作总结的写法

上面技术年终总结报告的中间部分多为专题汇报，即几个重点问题或项目的专题工作总结，这也就是我们工作中常用的汇报形式，这类专题主要分为两种：

第一种是解决问题的工作总结，就是前面我讲的"缺失问题分析"的那种写法（有的也需要问题分析部分），多数不用把"现象"问题再分析原因了，这是因为这种听汇报的人都是我们技术顶头上司，他们对问题产生的原因非常清楚，因此就把面临的要解决的问题，直接摆出来就可以了（此处的问题在论文中就是"问题产生的原因"）。如在开始讲的"肚子疼"这一现象是"急性肠炎"引起的，面对"急性肠炎"这种病，大夫和院长汇报就直接说什么病，用什么药就可以了，不用再说之前的分析，即患者如何肚子疼又如何诊断等等病情分析的过程了。

这种专题部分的基本格式如下：

×××区块调整效果专题

一、基本概况（工作区域的情况）

二、目前存在的问题（注：这里的问题如果在论文里，就是对产生异常现象的原因分析的几条结果）

三、解决问题的对策及方法

针对上述问题，我们根据实际情况制定了方案及对策，可以有针对性地解决上述问题；

1、采用×××方法（对策），解决 YYY 问题

2、采用×××方法（对策），解决 YYY 问题

3、采用×××方法（对策），解决 YYY 问题

……

四、实施效果（采用积极有效的方法，有效解决了存在的问题，收到了好的效果）

五、主要结论与认识

六、下步工作安排（有时可以没有此部分）

第二种是发现成果的工作总结，就是对某项工作后的工作成果报告，如对某盆地地质勘查报告，油气勘察报告等，格式如下：

×××地区资源（成因）研究

一、什么背景原因下提出该研究、调查等工作

二、简单介绍如何开展工作的，开展的思路方法

三、工作取得什么认识与成果

1、什么位置（时间等）有什么收获或发现

2、工作区域的形成、演变是什么规律或成因

……

四、下步重点研究方向（有的可以没有这一条）

五、结论与认识

第五节　几种常见论文的写法

在我们日常技术工作中，经常要写一些论文，由于工作性质的不同，所写的论文方法与格式也不尽相同，我根据所见，将论文大体分为三类：一是"研发攻关性论文"，就是对某课题进行研究、攻关，最后得到解决的文章；二是"工作成果性"论文，就是某项工作按常规程序进行，最后有什么成果或发现，对其进行总结的文章；三是"分析总结性"论文，就是某事情出现了问题，对其进行问题分析，找到问题出现的原因，然后采取相应办法并得到有效解决的文章。这些论文的写法重点有所有同，具体如下：

1. 研发攻关性论文的写法

这种论文是在研究某项目前世界上尚未有的新技术、新产品等工作中产生的文章，研究攻关某一项任务或课题得出的认识、成果等都可以写成论文，其基本格式如下：

×××功能模块的研究

一、问题的提出：

×××模块目前处于研发的中低阶段，尚不能满足某重大领域的要求，急需攻克高端功能的×××模块，满足国家（行业）的需求。

二、研究思路（把完成研究内容的思路、方法、介绍一下）

三、研究取得成果及认识

1、运用×××方法，解决了×××问题

2、应用×××理论，解决了×××问题

3、运用×××方法，研发了×××模块

……

四、结论与认识

关于研发攻关性论文，上面笔者写的模版是一个较完整的论文结构，**但实际在工作过程中常有很多更小的论文**。比如对某问题的分析，只写原因分析，没有写如何解决和效果如何，如果有也只是建议。又如**某研究的进展、某新事物的发现、某方法的探讨或可行性**等，都只是写了一点工作进展、阶段认识或发现（当然需要有证据支撑的），这种文章内容少，结构简单，所以写这种论文不要被前文所述的模版所左右，要有感而发。但不论怎么写，末级标题结论化是必要的。

2. 工作成果性论文的写法

这种论文一般是对某一项大型工作的研究、普查、调查等，经过工作后，以对这项工作的总结、发现、认识等为基础写的报告。这种论文与上面发现成果的专题工作报告基本相同，重点是讲成果部分，背景及思路部分简单讲，放到前言里就可以了，还是上面专题工作汇报的那个题目，论文可以写成如下格式：

×××地区资源（成因）研究

一、前言（×××地区背景，工作方法与思路）

二、工作取得什么认识与成果

1、什么位置（时间等）有什么收获或发现

2、工作区域的形成、演变是什么规律或成因

……

三、下步重点研究或工作方向（有的可以没有这一条）

这种写法一般学生论文用的比较多，强调的是观点与认识，工作量讲的少。

3. 分析总结性论文的写法

这种论文主要出现的应用型科学的工作中，是某项工作出现了异常现象，需要分析原因，创新解决办法并

解决问题，取得好的效果后，总结出可以在同类工作中推广的方法、经验及认识。

这种论文与第一种专题性报告容易混淆，因为是同一项工作的不同写法，我们平时工作中写专题汇报比较多，习惯于工作汇报的写法，所以在写论文时经常写成工作专题汇报的格式，使论文缺失"问题分析"部分而变得平淡，没有吸引力，一定要多加注意！

基本格式如下：

×××地区调整（治理）方法研究

一、提出问题

目前存在的异常现象（只能提1个问题）

二、分析问题

上述异常现象产生的原因是什么？

1、XXX原因，使该区块出现×××问题

2、YYY原因，使该区块出现×××问题

3、ZZZ原因，使该区块出现×××问题

……

三、解决问题

针对上述原因，采取什么有效方法、对策

1、采用XXX方法，有效解决了XXX问题

2、运用 YYY 手段，有效抑制了 YYY 问题

3、采用 ZZZ 技术，有效控制了 ZZZ 问题

……

四、结论与认识

一般不是对上述方法的重复，是一些过程中的深刻理解、认识、思考、启示等对今后有指导作用认识。

为了能深刻理解领会这种论文与专题工作总结的区别，下面举一个笔者自己写的"专题工作报告"改成"分析总结性论文"的案例，请大家体味之间的差别：

一是两种写法中存在的"问题"有何关系？

二是两者的小标题文字有何不同？

① 专题报告案例。

下面的《×××地区层系井网重构技术》专题中，列出目前存在的三个问题，实际是这个地区产量递减大，开发效果变差的原因。因为在实际工作中"效果变差"这个问题是都知道的，不用再提了，直接把效果差的原因当作目前需要解决的问题就可以，重点要看你是如何解决的，效果如何。该专题报告具体如下：

XXX地区层系井网重构技术

目　录

 一、XX开发区层系井网现状

◆ 水驱3~6套开发井网；聚驱1~2套开发井网

◆ 井网密度110口/km^2，最密区块井网密度267口/km^2

XX开发区层系井网部署现状

井网	主要射孔对象	油层类别	层系组合	井网方式	注采井距（m）
基础	有效厚度大于2.0m	二类厚层	萨+葡Ⅱ、萨+葡Ⅱ+高Ⅰ（1~2套井网）	行列井网四点法面积	500~1100
一次加密	低渗透薄差油层和当时未划表外砂岩	以三类油层为主	萨+葡Ⅱ、萨+葡Ⅱ+高Ⅰ（1套井网）	反九点面积四点法面积	250~300
二次加密	低渗透层	三类油层+少部分二类	萨+葡Ⅱ、萨+葡Ⅱ+高Ⅰ（1套井网）	反九点面积五点法面积四点法面积线状注水	200~250
三次加密	有效厚度小于0.5m的油层及表外储层	三类薄层为主	萨+葡Ⅱ（1套井网）	反九点面积五点法面积	100~250
高台子	高台子油层	三类油层	高Ⅰ、高Ⅱ、高Ⅲ、高Ⅳ、高ⅠⅡ、高ⅢⅣ、高合采（1~3套井网）	反九点面积五点法面积线状注水	106~300
一类油层三次采油	葡一组油层	一类油层	葡Ⅰ1~4或葡Ⅰ1~7（1套井网）	五点法面积	125~250
二类油层三次采油	河道砂及有效厚度大于1.0m油层	二类油层	萨Ⅱ10~萨Ⅱ10或葡Ⅰ5~葡Ⅱ10（1套井网）	五点法面积	125~175

二、层系井网存在的主要问题

一是一类油层聚驱后储量闲置；二类油层上返也将面临储量闲置

一类油层聚驱后井网逐步利用给二类油层，造成其储量闲置，到目前闲置地质储量为8518×10⁴t，影响日产油能力1037t

一类油层油井被利用前生产情况

区块	地质储量 （×10⁴t）	油井 （口）	水井 （口）	日产液 （t）	日产油 （t）	含水 （%）
BYEPX	1859	72	68	8465	314	96.3
BYEPD	998	45	43	5090	167	96.7
BYQDX	2244	92	98	6772	248	96.3
XQ	1563	76	54	5409	147	97.3
ZQXB	1854	69	65	2481	161	93.5
合计	8518	354	328	28216	1037	96.3

二类油层第一段聚驱已结束的区块有4个，2015年陆续上返第二段，储量也将面临闲置

二类油层油井上返前生产情况预测

区块	地质储量 （×10⁴t）	油井 （口）	水井 （口）	日产液 （t）	日产油 （t）	含水 （%）
BYEPX	1256	121	87	8139	195	97.6
BYEPD	619	99	75	8723	174	98.0
BYQDDX	1913	221	225	16844	393	97.7
BYQDDD	1293	237	230	15059	318	97.9
合计	5080	678	617	48765	1080	97.8

纵向上，萨葡油层和高台子油层分段开发，自成体系

平面上，萨葡油层水驱层系井网交叉，井网间井距不均匀

高台子油层水驱层系井网独立，井网间井距均匀

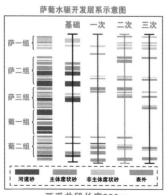

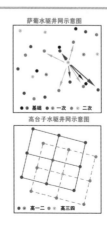

二是三类油层水驱开发井段较长，上下油层动用差异大

射孔井段长度主要集中在150～200m

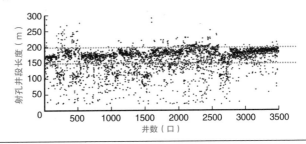

上下部油层动用相差20个百分点

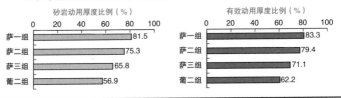

三、层系细化井网重构思路及做法

调整思路：

立中现有井网，采用层系细分、井网优化、加密调整及注采系统调整相结合的方式，结合三采上下返逐步缩小开发井段，有效开发各类油层，提高油田最终采收率

调整原则：

1、萨葡高油层各套井网井段长度控制在80m左右

2、一类油层聚驱后储量要有合理开发井网

3、二类油层各段聚驱前、中、后要有独立井网开发

4、三类油层聚驱后也要有后续开发井网

1. 井网利用与井网拆分结合，开发一类油层聚驱后储量

一类油层： 聚驱后出口主要利用已有一次加密调整井开采，个别区块从二类油层井网中拆分出一套175m井网开发

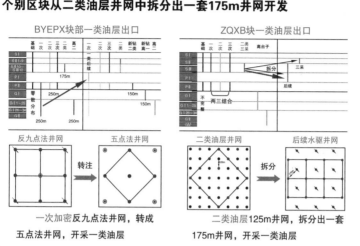

2. 井网加密与井网拆分结合，分段全过程开发二类油层

二类油层： 利用已有125m井网拆分出两套175m井网，再打一套150m新井网，分别开采三个层段二类油层，后续水驱时互换层段，改变液流方向开采，提高开发效果

BYEPX块二类油层开发井网部署情况

从实际结果看，175m的二类油层三次采油注采井距在合理范围内，且现场开发效果相互接近

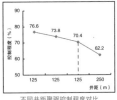

不同井距聚驱控制程度对比

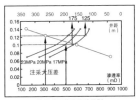

注采井距优化设计图版

◆ 动用程度差别不大

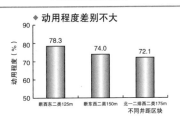

不同井距区块

◆ 提高采收率幅度相当

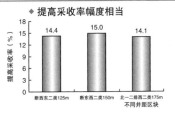

不同井距区块

---

3. 加密调整与层断细分结合，缩小井段开发三类油层

三类油层：利用已有井网，再打一套150m加密井网，用两套井网水驱开采萨尔图三类油层；用三套井网水驱开采高台子油层，每段长度都在80m左右

BYQDD块调整后三类水驱井网

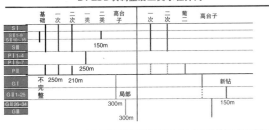

用一、二次加密井开采萨尔图油层；高一、二井网封堵高二采高一；新钻150m井网采高二；局部区域采高三组井网不动

通过利用原井网、加密调整、拆分井网、层段细分结合，既解决了一、二类油层聚驱后出口问题，也解决了井段长、跨度大问题，同时也兼顾了三类油层三次采油井网

萨中开发区形成了三种层系井网重构方式：

层系井网优化调整三种模式

层系井网重构方式		区块数	典型区块	解决问题
一	加密调整+注采系统调整	3	BYEPY	井段长 井距大
二	加密调整+井网拆分	3	BYQDX	后续水驱出口 油水井数比高
三	井网拆分+注采系统调整	4	ZQXB	小井距，含水上升快 后续水驱出口 油水井数比高

例1：BYQDX块做法

◆ 一次井和基础井开采一类油层后续水驱

◆ 二类油层第一段聚驱结束后，将125m井网拆分成两套175m井网，一套用于原层系后续水驱，一套用于上返萨Ⅱ1-9

◆ 井网拆分同时新钻两套150m井网，分别开采葡二组、高二组

◆ 高台子油层反九点井网转成五点法井网，开采高一组

项目	调整前	调整后
井距	200~300m	150~200m
井段	200m左右	80m左右
油水井数比	2.1	1.3

缩小了注采井距，细分了开发层系，注采井数比趋于合理，各类油层储量全部动用

图例：▎水驱 ┊封堵 ▌三采 ↕后续

例2：BYEPX块层系井网全过程设计

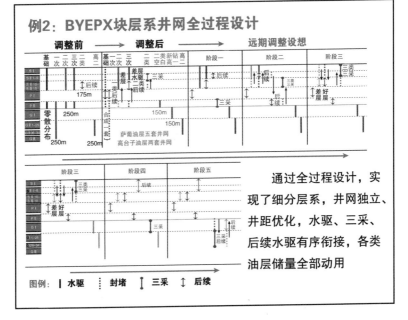

通过全过程设计，实现了细分层系，井网独立、井距优化，水驱、三采、后续水驱有序衔接，各类油层储量全部动用

图例：| 水驱 ⋮ 封堵 ↕ 三采 ↕ 后续

四、层系细化井网重构效果及潜力

1. BYEPX区块首先用一次加密井开采葡一组取得单井日产3.8t/d好效果

把一次加密井网封堵原层位，射开PI组，比原PI组井网聚驱结束后含水低0.8%，平均单井日产3.8t/d（由于控制产液量，没超过原井网产量）

一次加密井网开采葡一组与原葡一组井网生产对比情况

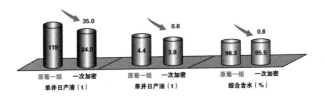

2. 井网重构潜力较大，增加可储量1.0738×10⁸t

按照上述三种模式进行层系井网优化调整，预计可钻井8227口。预计水驱增加可采储量1448×10⁴t；三采增加可采储量9290×10⁴t，合计增加可采储量10738×10⁴t

层系井网优化调整工作量统计表

调整模式	区块	层系井网重构工作量（口）					井网密度（口/km²）	预计实施时间（年）
		新钻	转注	转抽	封堵	补孔		
模式一	BYEPX	896	96		415	266	186	2015
	BYEPD	520	51		379	119	183	2020
	BYQDD	2000	92		1141	349	192	2020年以后
	小计	3416	239		1935	734		
模式二	BYQDX	1210	315	297	705	226	190	2018~2019
	NYQXB	1578	180	194	481	393	240	2016~2017
	NYQD	2023	240	258	752	660	232	2020年以后
	小计	4811	735	749	1939	1279		
模式三	ZQXB		312	319	809	633	267	2020年以后
	ZQDB		157	117	289	224	232	2020年以后
	XQ		154	156	469	293	175	2020年以后
	DQ		163	171	344	312	210	2020年以后
	小计		786	763	1911	1462		
合计		8227	1760	1512	5785	3475		

五、结论

1. XXX地区递减加大主要是聚驱后储量闲置不工作造成的；应该有效动用这部分储量；

2. 井网重构综合利用已有井网是动用这部分储量的途径；

3. 高含水后期，缩短开发井段长度，减少顶底压差可以增加油层动用程度

4. 三次采油一阶段结束进行二阶段三采时尽量设计新的井网，以避免聚驱后再打井经济效益差

② **专题报告改写成论文案例。**

把这个报告改成分析总结性论文，重点是分析是什么原因导致这个地区近几年递减大，效果差，只有把原因分析准了，下一步的解决方法才能有的放矢，问题才可能得到解决。

请大家注意，论文中的"产生问题的原因分析"就是上一个专题的"目前存在的问题"，但说法上略有一点不同，因为论文"问题分析"的每一个原因都是为前面"现象性问题"服务的，要扣题。因此把上一个工作汇报简单修改后，变成一篇论文如下：

XX地区层提高储量动用率方法

一、XX地区存在问题

二、问题产生的原因

三、解决问题方法及效果

四、结论

一、问题的提出

XX开发区目前已进入高含水开发后期，在没有亲井补充产能的情况下，综合递减加大，但近些年，年产量递减幅度加大，造成产量进入紧张状态，因此需要对此问题进行研究，减缓产量递减过快的趋势，保证油田的稳定、正常、科学、高效开发。

 # 二、递减大的原因分析

1. 一类油层聚驱后储量闲置，年损失产量达到34.2×10⁴t

一类油层聚驱后井网逐步利用给二类油层，造成其储量闲置，到目前闲置地质储量为8518×10⁴t，其他区块1.9×10⁸t只有极少剩余井在开采，日关掉产量1037t，年封存产量34.2×10⁴t

一类油层油井被利用前生产情况

区块	地质储量 （×10⁴t）	油井 （口）	水井 （口）	日产液 （t）	日产油 （t）	含水 （%）
BYEPX	1859	72	68	8465	314	96.3
BYEPD	998	45	43	5090	167	96.7
BYODX	2244	92	98	6772	248	96.3
XQ	XQ	76	54	5409	147	97.3
ZQXB	ZQXB	69	65	2481	161	93.5
合计	8518	354	328	28216	1037	96.3

例如ZQDB、DQ块，PI组井网每3排利用给二类油层井2排，剩余1排继续开发PI组，井网密度减少2/3，极大地降低了PI组开发效率。

2. 二类油层开始进入关闭第一段进行第二段三采阶段，目前已经闲置储量达5000×10⁴t，年关掉35.6×10⁴t产量

二类油层第一段聚驱已结束的区块有4个，2015年陆续上返第二段，储量也将面临闲置，现在每年以200×10⁴t的地质储量在闲置，年关掉第一段产量达到35.6×10⁴t，而且还在继续加大

二类油层油井上返前生产情况预测

区块	地质储量（×10⁴t）	油井（口）	水井（口）	日产液（t）	日产油（t）	含水（%）
BYEPY	1256	121	87	8139	195	97.6
BYEPD	619	99	75	8723	174	98.0
BYQDDX	1913	221	225	16844	393	97.7
BYQDDD	1293	237	230	15059	318	97.9
合计	5080	678	617	48765	1080	97.8

由于一、二类油层聚驱后闲置，使目前1.3598×10⁸t地质储量闲置，按目前采油速度算，使年产量减少69.8×10⁴t。

3. 高含水后期长井段层间矛盾突出，油层下部运用变差，加大 产量影响因素

井段平均长度达200m，由于启动压力需求，下部油层比上部动用程度低20%，单井至少影响含水2%～3%，年影响产量（80～100）×10⁴t

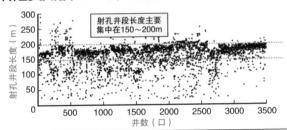

上下部油层动用相差20个百分点

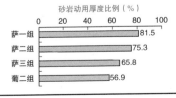

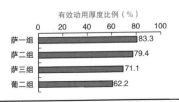

三、解决办法

1. 井网利用与井网拆分结合，开发一类油层聚驱后储量

一类油层：聚驱后出口主要利用已有一次加密调整井开采，个别区块从二类油层井网中拆分出一套175m井网开发

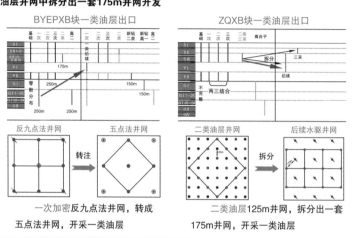

一次加密反九点法井网，转成
五点法井网，开采一类油层

二类油层125m井网，拆分出一套
175m井网，开采一类油层

2. 井网加密与井网拆分结合，分段全过程开发二类油层储量

二类油层：利用已有125m井网拆分出两套175m井网，再打一套150m新井网，分别开采三个层段二类油层，后续水驱时互换层段，改变液流方向开采，提高开发效果

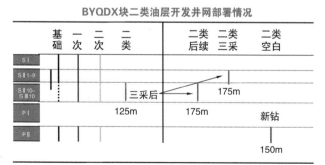

BYQDX块二类油层开发井网部署情况

从实际结果看，175m的二类油层三次采油注采井距在合理范围内，且现场开发效果相互接近

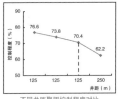

不同井距聚驱控制程度对比

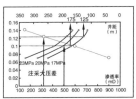

注采井距优化设计图版

◆ 动用程度差别不大

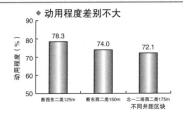

◆ 提高采收率幅度相当

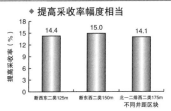

3. 加密调整与层段细分结合，缩小井段开发三类油层

三类油层：利用已有井网，再打一套150m加密井网，用两套井网水驱开采萨尔图三类油层；用三套井网水驱开采高台子油层，每段长度都在80m左右

BYQDD块调整后三类水驱井网

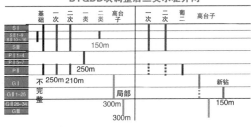

用一、二次加密井采萨尔图油层；高一、二井网封堵高二采高一；新钻150m井网采高二；局部区域采高三组井网不动

通过利用原井网、加密调整、拆分井网、层段细结合，既解决了一、二类油层聚驱后出口问题，也解决了井段长、跨度大问题，同时也兼顾了三类油层三次采油井网

萨中开发区形成了三种层系井网重构方式：

层系井网优化调整三种模式

层系井网重构方式		区块数	典型区块	解决问题
一	加密调整+注采系统调整	3	BYEPX	井段长 井距大
二	加密调整+井网拆分	3	BYQDX	后续水驱出口 油水井数比高
三	井网拆分+注采系统调整	4	ZQXB	小井距、含水上升快 后续水驱出口 油水井数比高

例1：BYQDX块做法

◆ 一次井和基础井开采一类油层后续水驱

◆ 二类油层第一段聚驱结束后，将125m井网拆分成两套175m井网，一套用于原层系后续水驱，一套用于上返萨Ⅱ1-9

◆ 井网拆分同时新钻两套150m井网，分别开采葡一组、高二组

◆ 高台子油层反九点井网转成五点法井网，开采高一组

调整前后对比

项目	调整前	调整后
井距	200~300m	150~200m
井段	200m左右	80m左右
油水井数比	2.1	1.3

缩小了注采井距，细分了开发层系，注采井数比趋于合理，各类油层储量全部动用

图例：┃水驱 ┊封堵 ┃三采 ↕后续

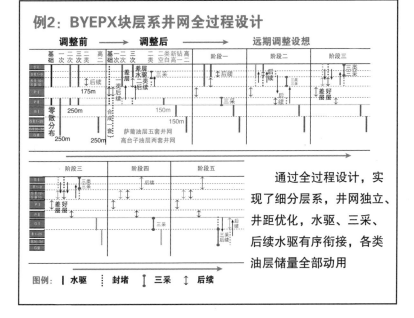

例2：BYEPX块层系井网全过程设计

通过全过程设计，实现了细分层系，井网独立、井距优化，水驱、三采、后续水驱有序衔接，各类油层储量全部动用

四、效果

1. 用一次加密井开采葡一组取得单井日产3.8t/d好效果

BYEPX区块一次加密井开采葡一组后，比原葡一组井网含水低0.8个百分点，单井日产油3.8t/d，接近PI组井关前的产量，由于控制液量，使之比关前产量略低一些

一次加密井开采葡一组与原葡一组井网生产情况

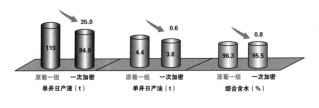

2. 此方法可增加可采储量1×10⁸t以上，有效动用了储量

按照上述三种模式进行层系井网优化调整，预计可钻井8227口。预计水驱增加可采储量$1448×10^4$t；三采增加可采储量$9290×10^4$t，合计增加可采储量$10738×10^4$t

层系井网优化调整工作量统计表

调整模式	区块	层系井网重构工作量（口）					井网密度（口/km²）	预计实施时间（年）
		新钻	转注	转抽	封堵	补孔		
模式一	BYEPX	896	96		415	266	186	2015
	BYEPD	520	51		379	119	183	2020
	BYQDD	2000	92		1141	349	192	2020年以后
	小计	**3416**	**239**		**1935**	**734**		
模式二	BYQDX	1210	315	297	705	226	190	2018~2019
	NYQXB	1578	180	194	481	393	240	2016~2017
	NYQD	2023	240	258	752	660	232	2020年以后
	小计	**4811**	**735**	**749**	**1939**	**1279**		
模式三	ZQXB		312	319	809	633	267	2020年以后
	ZQDB		157	117	289	224	232	2020年以后
	XQ		154	156	469	293	175	2020年以后
	DQ		163	171	344	312	210	2020年以后
	小计		**786**	**763**	**1911**	**1462**		
合计		**8227**	**1760**	**1512**	**5785**	**3475**		

五、结论

1. ×××地区递减加大主要是聚驱后储量闲置不工作造成的，应该有效动用这部分储量

2. 井网重构综合利用已有井网是动用这部分储量的途径

3. 高含水后期，缩短开发井段长度，减少顶底压差可以增加油层动用程度

4. 三次采油一阶段结束进行二阶段三采时尽量设计新的井网，以避免聚驱后再打井经济效益差

以上给出的是油田日常工作中经常见到几种类型文章的基本写法以及格式模版，这些写法的模版是笔者在写作中摸索出来的大致格式，感觉这样写的逻辑比较顺畅，易于被人接受，但**绝不是标准**，大家在具体的应用过程中不要被模版所局限，要根据实际需求去写，但无论怎样写，都**要保证文章逻辑上的顺畅，连接过渡的文字要合理**，切不能使文章的逻辑思路出现拐急弯现象，以免给文章的理解带来不便与困难。

后　记

　　这本书的内容起于十多年前，在当副大队长之后，除了自己写文章之外，听别人文章的机会越来越多，随着角色的转变，由汇报人（作者）转变为听汇报人（读者），体会到了听者（读者）的感受和需求，笔者认为只有让作者知道读者的需求，把读者的需求体现在作者的文章中，这样才能满足读者的意愿，文章才能容易被读者接受。于是就把这种想法在实践中不断探索和完善，逐渐形成了自己的一套能满足听者（读者）需求的实用写作方法与技巧。

　　实际在论文、报告的写作方法方面，近些年也有一些指导书籍，都介绍得比较详细，但由于理论性较强，比较适合于经常写作、有了一定写作经验的人去用，不太适合写作经验少，学用不能相结合的初学者。本书介绍的写作方法以体验和理解为主，最初来源于给员工改稿以及后来的员工写作培训的经验。在给员工培训的时候，笔者先讲写作方法，然后再领着学员去实践，按照所讲的方法去修改自己的文章，采用"学用"结合的方式来培训，目的是通过实际应用来消化理解这些方法。同时让每个人都当一次评委，审查别人写的文章，亲自体会一下当评委的感受，感觉一下自己作为听者对文章的需求，以便能更深刻地理解这些方法。如果这种方法在课堂上没有完全掌握，还可以先记住理论，在自己的写作中套用，也会有一定的效果。在后期的写作中再去慢慢消化、慢慢理解；否则，如果只记笔记而不亲手去修改文章进行实践，课后还是无法掌握。本书所介绍的文章写作方法取得了良好的效果。例如在2017年夏厂写作培训班上，有一位基层的年轻人特别用心，把自己写的论文在课堂上按本书的方法修改了3次后，在秋季的厂科技论文发布会上获得了一等奖第二名，一名基层人员写的论文超过了很多科研所人员的论文，说明本书阐述的写作方法是起到了一定效果的，也是比较实用的。

本书的特点一是把写作、媒体制作及汇报的方法与技巧采用格式化或半格式化的形式固定下来，并给出了几种常见的文章格式模版，便于应用，比较适合初学者。二是利用大量的实例来讲解如何应用这些方法，利于读者理解和掌握。三是这些方法不仅适用于各行业科技文章，也适用于其他材料的写作。四是本书采用口语化方式书写的，这种写法能使读者体验到培训课堂的氛围，有助于对此方法的理解和掌握。

本书介绍的写作方法与技巧，仅是笔者个人的一点体验，不代表理论和标准，一定会有一些不足之处，敬请大家批评指正。我们共同在实践中逐渐完善和提高，其最终目的就是要把自己想表达的东西能够通俗易懂地写出来，让更多的人能快速明白你所要表达的意思。

正如余秋雨先生2001年11月3日在《新版山居笔

记》自序中所写的"……现在回想起来，写作这本书的最大困难，不在立论之勇，不在跋涉之苦，也不在考证之烦，而在于要把深涩嶙峋的思考粹炼得平易可感，把玄奥细微的感触释放给更大的人群。这等于用手掌碾碎石块，用体温焐化坚冰，字字句句都要耗费难言的艰辛，而艰辛的结果却是不能让人感受到艰辛……"。这段文字，笔者颇有同感，我觉得写技术文章也是这样的，我们所追求的最高境界，就是把自己想要表达的东西无障碍地分享给更多需求者。这看上去很平常，但过程却是很艰辛的。

致　　谢

　　此书的内容源于我的写作培训课程，是一本培训教材，是笔者多年培训经验的总结，在此特别要对大庆油田采油一厂技术发展部杨凤华主任表示感谢，由于她对写作培训工作的重视和推进，经过多次开办写作培训班，使笔者的培训内容得到不断提高和完善，并且对此书的写作给予了积极的鼓励和大力的支持，同时还要对大庆油田采油一厂地质大队副大队长刘馨同志提供自己修改文章的案例，以及在培训过程中一些学员、同事以及家人提供的案例和资料表示感谢，因为有了这些材料才使此书的内容更加丰富并且真实可靠。

　　最后对在此书写作过程中给予关注和支持的所有人士表示感谢！

参 考 文 献

［1］梁狄刚.文风·学风·辩证思维：石油地质科学的三个问题
　　［M］.北京：石油工业出版社，2017.

［2］余秋雨.新山居笔记［M］.上海：文汇出版社，2002.

［3］中国石油勘探与生产分公司.中国石油二次开发技术与实践
　　（2008-2010）［M］.北京：石油工业出版社，2012.